科技农业
高效农业

日光温室香瓜
高坐果率栽培技术

李 欣 胡庆华 主编

科学技术文献出版社
SCIENTIFIC AND TECHNICAL DOCUMENTATION PRESS
·北京·

图书在版编目（CIP）数据

日光温室香瓜高坐果率栽培技术 / 李欣，胡庆华主编. —北京：科学技术文献出版社，2014.10

ISBN 978-7-5023-9461-5

Ⅰ.①日… Ⅱ.①李… ②胡… Ⅲ.①香瓜—温室栽培 Ⅳ.①S627.5

中国版本图书馆 CIP 数据核字（2014）第 212518 号

日光温室香瓜高坐果率栽培技术

策划编辑：孙江莉 责任编辑：孙江莉 于欢欢 责任校对：张燕育 责任出版：张志平

出　版　者	科学技术文献出版社
地　　　址	北京市复兴路15号　邮编100038
编　务　部	（010）58882938，58882087（传真）
发　行　部	（010）58882868，58882874（传真）
邮　购　部	（010）58882873
官 方 网 址	www.stdp.com.cn
发　行　者	科学技术文献出版社发行　全国各地新华书店经销
印　刷　者	北京时尚印佳彩色印刷有限公司
版　　　次	2014 年 10 月第 1 版　2014 年 10 月第 1 次印刷
开　　　本	850×1168　1/32
字　　　数	133千
印　　　张	7
书　　　号	ISBN 978-7-5023-9461-5
定　　　价	18.00元

编委会

前　言

　　香瓜是甜瓜的一个品种，不仅味甜而且香味袭人，是人们喜食的水果之一。日光温室栽培香瓜由于提前和延迟上市，可使种植者获得丰厚的经济收入。

　　为了满足种植者在提高温室香瓜坐果率的同时提高香瓜的品质，笔者组织了相关技术人员编写了本书，希望为香瓜种植者获得较好的经济效益提供些许帮助。

　　本书在编写过程中，得到了有关方面专家的大力支持和帮助，在此表示由衷的感谢。书中疏漏和不当之处欢迎广大同行和专家批评指正，我们将虚心接受，加以更正，并在此对参考资料的原作者表示衷心的感谢。

编者

目　录

第一章　香瓜概述 1

　第一节　香瓜的植物学特征 1

　　一、香瓜的组织构成 1

　　二、生长发育周期 6

　　三、生长发育特性 9

　　四、对环境条件的要求 10

　第二节　部分香瓜品种介绍 14

　　一、白皮品种 14

　　二、黄皮品种 19

　　三、绿皮品种 22

　　四、花皮品种 23

第二章　日光温室的选址及建造 27

　第一节　种植地选择 27

　第二节　日光温室的类型及结构特点 28

　　一、塑料大棚的类型及结构特点 28

　　二、日光温室的类型及结构特点 34

　第三节　日光温室的建造 36

　　一、塑料大棚的建造 37

　　二、日光温室的建造 44

第三章　香瓜育苗技术 51
　第一节　播种及相关工作 51
　　一、播期的确定 51
　　二、购种及选种 52
　　三、育苗设施选择 53
　　四、种子处理 58
　　五、播种覆盖 59
　第二节　育苗期管理 61
　第三节　嫁接苗培育 65
　第四节　壮苗标准 70

第四章　定植栽培及管理技术 73
　第一节　香瓜春早熟栽培技术 73
　　一、栽培时间 73
　　二、定植前准备 73
　　三、定植时期 75
　　四、定植及定植后的管理 75
　　　（一）地爬栽培 75
　　　（二）吊蔓栽培 79
　第二节　香瓜秋延迟栽培 84
　　一、栽培时间 84
　　二、定植前准备 85
　　三、定植时期 87
　　四、定植及定植后的管理 87

第三节　无公害香瓜产品的控制 90

　　一、香瓜污染的原因 91

　　二、无公害花生产品的防止原则 92

第四节　采收与运输 99

　　一、采收标准 99

　　二、包装与运输 100

第五章　香瓜病虫害及其防治 103

第一节　香瓜病虫害发生的原因 103

第二节　香瓜病虫害的综合防控措施 109

　　一、综合防治病害技术 109

　　二、综合防治虫害技术 113

第三节　香瓜主要病虫害防治 116

　　一、香瓜主要病害防治 116

　　二、香瓜主要虫害防治 145

第四节　香瓜疑难杂症的分析与预防 170

附录一　无公害农产品——日光温室薄皮甜瓜生产技术
　　　　规程 191

附录二　石硫合剂及波尔多液的配制 209

　　一、石硫合剂的熬制及使用方法 209

　　二、波尔多液的配制及使用方法 211

参考文献 213

第一章 香瓜概述

甜瓜是一种古老的作物，在植物学上属葫芦科甜瓜属一年生蔓性草本植物。香瓜是甜瓜的一个品种，不仅味甜而且香味袭人，是我国南北方居民较为喜爱的瓜类蔬菜之一。

香瓜是夏令消暑瓜果，其营养价值可与西瓜媲美。据测定，香瓜除了水分和蛋白质的含量低于西瓜外，其他营养成分均不少于西瓜，而芳香物质、矿物质、糖分和维生素 C 的含量则明显高于西瓜。多食香瓜，有利于人体内心脏和肝脏以及肠道系统的活动，促进内分泌和造血机能。

日光温室栽培香瓜由于提前和延迟上市，可使种植者获得丰厚的经济收入，已成为广大瓜农致富的项目之一。

第一节 香瓜的植物学特征

香瓜是葫芦科甜瓜属中的一个栽培品种，一年生蔓性草本植物。

一、香瓜的组织构成

香瓜植株由营养器官（根、茎、叶）和生育器官（花、果实、种子）构成。

1. 根

香瓜的根系属直根系，是香瓜整个生育过程中吸收水分和矿质元素的主要器官，由主根、多级侧根和根毛组成。一般主根长 1～1.5 米，侧根水平分布达 3～5 米，90% 左右的根毛着生在第二、第三级侧根上。根系主要分布在离表土 20～30 厘米的耕作层内。

根系在疏松肥沃的沙质土壤中生长的广而深，侧根和根毛也多，黏重、低洼积水的土壤不利于根系的生长；浇水过多，土壤湿度过大，易造成烂根。香瓜根系适温为 25～35℃，最高可耐 40℃，最低 15℃，15℃以下根系生长受阻，10℃以下开始受害。一般情况下，地上部生长健壮，茎蔓长的品种，根系也较强大；反之，根系相对弱小。整枝过早过重，茎叶较少时，对根系生长有一定的影响；适时适度进行合理整枝，根系才能较好地生长。

香瓜根木质化较早，根系受损后，再生能力很差，如果移植，必须在子叶期（4～5 片叶），根系较小时进行。出真叶后移植，需带土坨。

2. 茎

香瓜为一年生蔓性草本植物，茎也称为蔓。在不进行整枝的自然生长状态下主蔓生长不旺，长不到 1 米。侧蔓（子蔓）却异常发达，生长旺盛，长度常超过主蔓。分枝能力很强，特别是摘除顶芽后，从腋芽中可以萌发出很多子蔓（或称一次侧蔓）和孙蔓（或称二次侧蔓）。每一叶腋内着生有幼芽、卷须和雌花或雄花三种器官。在同一叶腋中可以着生多个雄花或雌花。

香瓜的结果习性因品种而异。有的品种在主蔓上结果早而且多，对于这类品种，应利用其主蔓结果。有的品种主蔓结果迟而且少，但子蔓结果早而多，应主要利用其子蔓结果，也可利用孙蔓结果。因此，栽培香瓜应根据不同的结果习性，通过整枝，促发子蔓或孙蔓，以促进结果。

香瓜的茎节上易发生不定根。促发不定根，可扩大香瓜的根系，增加吸收能力，有利于植株和果实的生长发育，也有利于抗旱。但当植株生长过旺或雨水过多时，则应在蔓下垫草，阻止其发生不定根，以免发生徒长。

3. 叶

香瓜为互生的单叶，叶柄有短刚毛，叶色浅绿或深绿。叶形多为近圆形或肾形，有时呈心脏形、掌形，叶缘呈锯齿状、波状或圆缘。叶脉为掌状网脉。叶的两面均被有茸毛，叶背脉上有短刚毛。叶片的茸毛和刚毛，有保护叶片减少水分蒸发的作用，使香瓜有较高的抗旱能力。叶片的大小，因品种类型的不同，在 8～15 厘米之间。

4. 花

香瓜为雌雄异花同株植物。花为虫媒花，花冠（花瓣）黄色，多为 5 瓣，腋生。雄花单性，常数朵簇生，同一叶腋的 3～5 朵雄花（图 1-1）不在同一日开放，而是分期分次开放。雌花（图 1-2）常为两性，柱头三裂，子房下位，柱头外围有三组雄蕊，雄蕊的花粉具有正常功能。因此，香瓜的自然杂交率较低。

雌花的着生习性因品种不同而异。以孙蔓结果为主的品种，其主蔓、子蔓上雌花发生的少而迟。但在孙蔓的第

一节上即可着生雌花。以子蔓结果为主的品种，子蔓 1～3
节上可以出现雌花，孙蔓上雌花出现也早。以主蔓结果为
主的品种，主蔓 2～3 节上即可出现雌花。

图 1-1　雄花　　　　　　　　图 1-2　雌花

　　香瓜开花时间，一般在早晨 5 时，午后凋萎。但遇到
低温时，开花延迟。一般上午开花后 4 小时以内（即 6～10
时）为最佳授粉时期，午后授粉坐果率极低。雌花在开花
的头一天上午进行蕾期授粉，也能坐果。
　　5. 果实
　　香瓜果实大
多在 0.5 千克以
下，果形有圆形、
扁圆形、卵形等
多种（图 1-3），
不耐贮运。
　　香瓜果实的
外果皮为蜡质或
角质，中果皮发

图 1-3　香瓜果实

达，具有较多的水分、糖分和其他营养物质，并具有浓郁的香味，是香瓜的食用部分。果实中心有一个空腔，称为心室，瓜瓤及种子均在心室中（图1-4）。

　　未熟的果实，其充满的淀粉被果胶质粘连在一起，因此果实硬而坚实，有苦味。将要成熟时，由于各种酶的作用，如淀粉酶和磷酸化酶，能使淀粉转化成糖，果胶酶则能使果胶转化为果胶酸和醇类。由于糖、酸和醇均能溶水，就使果实变得柔软酥脆。还有一种酶，能把酸和醇合成具有香味的酯，因此，成熟后就会变得松软多汁、甜而芳香。

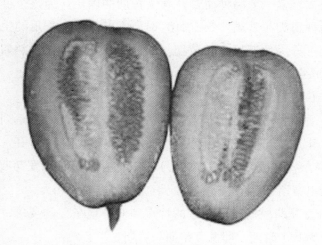

图1-4　香瓜心室

6. 种子

　　香瓜种子形状为扁平窄卵圆形，种皮较薄，种皮表面平滑或有折曲，颜色有白、黄、绿色之别。种子千粒重10～20克。种子是由种皮、胚和肥大的子叶三部分构成的。

香瓜单瓜种子数约为 400 ～ 600 粒，另有一定数量的未孕秕籽。

种子发芽最低温度为 15℃，发芽适温为 25 ～ 30℃，最高为 60℃。播种前浸种时，水温不宜超过 55℃。种子寿命一般为 4 ～ 5 年，在干燥低温或干燥密封的条件下，可贮存 10 年以上。

二、生长发育周期

香瓜的全生育期，是指从播种到头茬瓜成熟采收所需的天数。就一个品种而言，其生育期的确定，为整个群体从播种到头茬瓜成熟数占 50% 时所需的天数。香瓜的生长发育可分为发芽期、幼苗期、伸蔓期、结果期、成熟期五个阶段。

1. 发芽期

香瓜种子吸水膨胀后，在适宜的条件下开始一系列生理生化过程，胚根伸出种皮，下胚轴伸长，子叶展开，直到第一片真叶显露（俗称破心），这一段时间称为发芽期，也叫出苗期。在正常播种情况下，约经过 6 ～ 7 天。

发芽期根据种子发芽的特点和对环境条件的要求，又可分为两个时期，即发芽前期和后期。

（1）发芽前期：通常指发芽过程，以种子"露白"为界限。该期对温度、湿度和通气条件要求严格，在正常条件下需 2 ～ 3 天。在较高的湿度条件下，水分通过种皮渗入种仁，种子开始膨胀，当种子吸水达到本身重量的 60% 左右时，基本完成吸水过程。该过程进行的快慢与温度的高低有直接关系，水温较低时，吸水速度较慢，当水温高（最高不超过60℃）时，吸水速度相应加快。此后，在适宜的温度下，种子内部酶的活性加强，开始一系列生化反应，通过呼吸作用将高分子态的物质，分解转化为低分子态的物质，同时放出能量，供胚萌动利用。若条件适宜，胚根便突破种皮即"露白"。在30℃左右的温度条件下这一过程需1～2天。因为此期主要依靠种子（子叶）中贮存的营养物质，维持其正常的生理活动，因而，时间愈短愈好。

（2）发芽后期：是从种子"露白"到第一片真叶显露的这段时间。已经出芽的种子，在土壤温度适宜时，胚根下扎，然后因下胚轴的伸长使子叶节弯曲，随着下胚轴继续伸长，将子叶顶出土壤，完成出苗过程。在发芽后期，胚根下扎形成早期吸收器官，子叶出土展平后，面积虽小，却具有很强的光合能力，为幼苗转入同化作用的自养阶段做好了准备。因为这一过程是在土壤中完成的，所以，所需时间的长短与土壤条件密切相关。据观测，在10厘米地温为17.5℃时，约需10天，而在19℃温度下则缩短到7天，若温度达到28～30℃，仅需4天左右。当子叶拱土时，若温度高于25℃，就易使下胚轴徒长，形成高脚苗。此期温度掌握在20～22℃较为适宜。

2. 幼苗期

从子叶平展破心到4片真叶展开，第5片叶未展，即"四叶一心"时，为幼苗期。若在2片真叶展开后即行打顶（摘心），则2真叶叶腋间抽生的子蔓长2～3厘米时，也称为幼苗期。苗期在春季需25～30天的时间。此期内，主根长度已达

40 厘米左右，侧根也已大量发生，并分布在土壤 20～30 厘米深的表层中。此期，在栽培中应进行蹲苗、疏松土壤、提高地温，促进根系向土壤深层发展，使幼苗健壮而不徒长。

3. 伸蔓期

自主蔓展开 5 片真叶至第 1 朵结瓜雌花开放时止为伸蔓期，一般需 15～20 天。进入伸蔓期后，茎蔓由直立生长变为匍匐生长，茎叶生长非常迅速，根系继续旺盛生长，但伸展速度减缓。到该期结束时，根系已基本建成，地上部营养器官也有相当的规模，为开花结果奠定基础。

伸蔓期不同节位的叶片担负着不同的功能，功能叶制造的光合产物主要运往主茎的顶端，供茎蔓伸长和叶片增长利用。这一阶段栽培管理的主要任务是在保护和促进根系发育的基础上，促进叶片和茎蔓的健壮生长，以形成较大的营养体，保持较大的同化面积，为结果打好营养基础。同时，由于该期末雄花和雌花已经开放，植株由营养生长为主逐渐转入生殖生长为主，因此，要注意防止植株过旺生长。生产上要根据天气、地力和植株长势情况，合理施肥浇水，对植株进行适当控制，以保证生长中心转向生殖生长。

4. 结果期

从第一朵雌花开放到果实成熟为结果期。此期的长短，因光照和温度的影响而不同。

香瓜在结果期中，是由营养生长转入生殖生长的关键时期。在栽培上应进行精细的管理。在开花坐果时，应进行授粉。授粉的子房迅速膨大。果实膨大期间，同株再开的雌花会自行脱落，即生理疏果，以保证已坐的瓜有充足的养分供应。果实停止生长后（即果实定个后），同一植株上可以继续坐果，即二茬瓜。若植株健壮，水肥得当，一般同一天开放的几个雌花能同时坐住。在果实膨大期，应有充足的水肥供应，以促进果实的生长发育，这是决定产量高低的关键时期。

5. 成熟期

成熟期指果实达到生理成熟，或能够达到采收程度的时期。生产上是指一个品种从开始采收到采收结束这段时期。

果实成熟时，果皮呈现出该品种特有的颜色和花纹，由于糖分的不断积累，使果实甜度达到最高值，果实发出香味，种子充分成熟并着色。在生产中，一个品种的采收期，因管理水平的不同而有差别，一般为 10 ～ 25 天。

三、生长发育特性

1. 幼苗的生长发育

香瓜的幼苗阶段，是指从播种出土起到植株现蕾这段时间。出苗后首先长出两片子叶，然后出现真叶，随着真叶的生长，香瓜的茎蔓开始伸长。香瓜种子从播种到出苗，需要一定的生物学有效积温为 70℃，该积温值是一个常数。气温高，出苗时间就短。出苗后，经 4 ～ 5 天出现第 1 片真叶，出苗后 10 天左右出现第 3 片真叶。从播种、出苗到现 2 ～ 3 片真叶，约需 20 天。进行育苗移栽时，因定植前需低温锻炼，故整个育苗期要 25 天左右。香瓜 5 ～ 6 片真叶的出现，是植株个体发育发生重要转折的形态标志。在此之前，瓜苗地上部生长缓慢，根系却较地上部生长快。第5～6片真叶出现后，香瓜的主蔓及从第1～3叶腋处抽生的侧蔓，并在第4～8片叶腋出现卷须和花蕾原基。

2. 开花结果期的生长发育

初花时，地上部营养器官已进入旺盛生长时期，地下部根系已基本长成。从雌花开放到坐瓜阶段，茎蔓的增长达到最大值。此时根系吸收的水分和矿物质，以及叶片所积累的光合产物，大量往果实中运转，促使果实体积和重量急剧增大。此后，根系生长处于停滞状态，茎蔓的增长量也开始下降。

香瓜的花芽分化，在子叶出土后不久就开始，出苗后20～30天分化完毕，随之开始开放雄花。

香瓜雌花比雄花晚开2～7天，雌花多着生在子蔓和孙蔓上。雌花柱头接受花粉的有效时间，只有半天的时间。当日凌晨开放的雄花，花粉粒萌发有效时间是从早晨到中午，以花瓣开放后2小时的花粉萌发率最高。因此，香瓜适宜的人工授粉时间是早晨7～9时。

植株从坐瓜到果实成熟的时间，因种类品种的不同，相差十分悬殊。最早的香瓜品种需25天左右，中熟种需45天以上。

四、对环境条件的要求

1. 温度

香瓜是喜温作物，不耐低温，极不耐寒，只有在一定温度范围内栽培，才能正常生长和开花结果。生长适温为

25～30℃，在 30℃以上、35℃以下能很好地生长结果。生长温度的最低限为 15℃，最高可达 45～50℃。当气温低于 14℃时，香瓜的生长发育受到抑制，10℃以下，停止生长，5℃时发生冻冷害。

香瓜种子发芽温度不能低于 15℃，适宜温度为28～32℃；花期不能低于 18℃，适温为 20～25℃；当气温降到 13℃时，停止生长。当昼温为 30℃，夜温为 25℃时生长最快，叶数、花数最多。苗期温度高低与结实、花着生节位关系密切，当夜温超过 25℃时，花节位高并推迟开花。在昼温最适温度内，夜温略高于下限最低温度为宜，以利提高花芽质量。

2. 光照

香瓜要求每天 10～12 小时日照。在每天 12 小时日照的条件下，形成的雌花最多。每天 14～15 小时日照时，侧蔓发生早，植株生长快。而每天不足 8 小时的短日照，则对植株生育不利。

当光照充足时，植株生长健壮、茎粗叶肥、节间短、叶色深、病害少、品质好。光照不足时，则茎叶细长、细胞壁薄而木质化程度差、叶片薄且色浅、易徒长感病、同化作用弱、糖分积累少、果实品质较差。香瓜需要的总日照时数因品种而异，早熟品种为 1100～1300 小时，中熟品种为 1300～1500 小时，晚熟品种为 1500 小时以上。强光条件下，易遭日灼危害，常采用叶片及杂草遮盖和翻瓜，避免日灼，提高果实品质。

香瓜耐阴，即使在阴雨天气较多的条件下，也能较好地生长。只是果实糖度、品质、产量等方面，会受到不利的影响。

3. 水分

香瓜是需水量较多的作物。据测定，香瓜植株在形成1克重的干物质时，需要蒸腾水量700克左右。在盛夏中午气温最高时，每平方米的香瓜叶面积上可以蒸腾 5～5.5升的水分。大量的叶面水分蒸发，可以避免植株过热，这是香瓜对炎热气候环境的一种生物学适应。

香瓜较耐旱，地上部要求较低的空气湿度，地下部要求足够的土壤湿度。在日光温室空气干燥的情况下栽培的香瓜，甜度高，品质好，香味浓。空气潮湿情况下栽培的香瓜则水多，味淡，香味和品质都较差。

4. 土壤

香瓜适应疏松、深厚、肥沃、通气良好的砂壤土。沙地上生长的香瓜，发苗快，成熟早，品质好，但植株容易早衰，发病也早。在黏性土壤种植的香瓜，幼苗生长慢，植株生长旺盛，不早衰，成熟晚，产量较高，但品质低于沙地种的瓜。香瓜适宜的 pH 为 6～6.8，对酸碱度的要求不是十分严格。酸性土壤条件下易发生枯萎病。香瓜耐盐性也较强，一般土壤中不超过 1.14% 的含盐量时，亦能正常生长。

5. 养分

香瓜茎叶繁茂，生长速度快，产量高，因而是需肥较多的作物。香瓜吸收的矿质元素以氮、磷、钾三者为主，也称三要素。香瓜整个生育期对三要素的吸收数量各不相同，其中氮最多，钾次之，磷最少。

（1）氮：是构成蛋白质、叶绿素等物质的重要元素。香瓜缺氮时植株瘦弱，生长速度慢，叶色发黄，叶小而薄。所以，足量的氮肥供应是香瓜高产的基础。但是，氮肥用量过多，能引起植株营养生长过旺，而削弱生殖生长，易造成"化瓜"。另外，氮肥过多还会降低果实含糖量，影响香瓜品质。

（2）磷：是植物体内磷脂、核蛋白等物质的重要组成部分。充足的磷肥供应，可以促进植株的生长，加快发育进程，促进花芽分化，因此，增施磷肥对于香瓜的早熟十分重要。磷肥还可以提高香瓜的品质，提高植株的抗逆性。早熟栽培的香瓜，由于早春温度低，增施磷肥可提高植株的抗寒能力，并促进早熟。缺磷时植株矮小，根系发育不良，开花延迟，容易落花，成熟晚，品质差。

（3）钾：是植物体内多种酶的催化剂，能促进光合作用、蛋白质的合成、糖分的运转和积累。钾能促进茎蔓生长健壮和提高茎蔓的韧性，增强防风、抗寒、抗病虫的能力。钾还可以促进植株对氮素的吸收，提高氮肥利用率，并调节因氮素过多所造成的不良影响，提高香瓜品质。缺钾会使香瓜植株生长缓慢，植株矮化，茎蔓脆弱，叶缘干枯，抗逆性降低，特别是果实膨大期，缺钾会引起输导组织衰弱，养分的合成和输送受阻，进而影响到果实糖分的积累，使香瓜的产量和品质下降。

6. 空气

植物进行光合作用时，吸收二氧化碳，释放出氧气。二氧化碳是植物进行光合作用的重要原料。因此在日光温室等保护设施内进行二氧化碳施肥，是提高香瓜产量的重要措施。

　　在日光温室、大棚栽培条件下，某些有害气体会使植株受害，香瓜对氨气十分敏感，当环境中氨气浓度超过 5 毫升／立方米时，香瓜茎顶和叶缘就会黑枯，严重时全株死亡。农用塑料薄膜中的增塑剂如配料不当，也会产生有害气体；一氧化碳、二氧化硫等气体，当其浓度超过 200 毫升／立方米，维持 1～2 小时，就会使香瓜叶片变黑，叶脉间的细胞死亡。香瓜早熟栽培时，在日光温室条件下应忌施碳酸氢铵、氨水和未经腐熟的生鸡粪、生羊粪等，以避免产生有害气体。同时，加强通风换气，排出有害气体，换入新鲜空气，以保证香瓜植株的正常生长。

第二节　部分香瓜品种介绍

　　香瓜在我国东北、华北广泛栽培。根据皮色可分为白皮品种、黄皮品种、绿皮品种和花皮品种等。

一、白皮品种

　　白皮品种瓜皮白色、乳白色或白绿色，成熟时表皮常转变为黄白色。主要品种有苹果瓜、梨瓜、雪梨瓜、华南108、广州蜜瓜、白蜜罐、白兔娃、白线瓜等。

1. 苹果瓜

果实丰正，微扁圆型。成熟时果皮呈银白色，型色优美。成熟时果梗不易脱落，亦不易裂果，果重 400 克左右，大小整齐。肉色淡白绿，肉质松爽细嫩。

2. 梨瓜

瓜短圆形，下端粗，柄端细，似梨形而得名。皮绿白色，熟后微黄，肉白色乃至淡黄，皮韧，单瓜重 350 克，纵横径 7.3 厘米 ×7.6 厘米，味甜脆而多汁， 折光糖 14%，肉厚 1.6 厘米。全生育期 91 天左右。瓜柄不易脱落，不太熟即好吃，不倒瓤，抗病性较差，以孙蔓结瓜为主。

3. 雪梨瓜

瓜形近圆，顶部稍小，单瓜重 300 ~ 500 克。表皮光滑，前期深绿色，并逐渐变浅绿、白绿、白色。完全成熟时表皮白中带有些许金黄色，果实肉质结实，肉色青中带白。香气浓郁，爽甜汁多，纤维少、风味好。

4. 华南 108

果实圆形稍扁。果皮黄白皮，果肉白绿色，肉厚 1.8 厘米，单瓜重 400 克左右。全生育期 85 天，属中早熟品种。

5. 广州蜜瓜

果实扁球形，单瓜重 400 ~ 500 克，皮白色，成熟时呈金黄色，色艳，香味浓郁。果肉淡绿色，脆沙适中。全生育期 85 天左右，果实 25 天即可采收。孙蔓结瓜。该品种抗枯萎病能力较强，但不抗霜霉病。

6. 白蜜罐

中早熟品种，生育期 80 ~ 85 天。果实长卵形，顶部大而平，单株结瓜 1～2 个，平均单瓜重 500～600 克。果皮黄绿底，覆深绿色斑块成条带，果面有 10 条白绿色浅纵沟，清爽美观。果肉白色，肉厚 2 厘米，七八成熟时，质脆味甜，品质好，耐运输。但十成熟时，果肉发软变面，味淡。较抗病，不耐旱。

7. 亭林雪瓜

果实高圆，果皮乳白色，有棱沟 10 条。果肉绿白色，肉厚 1.5～2.0 厘米，汁多味甜质脆嫩，品质极佳。孙蔓结瓜，单株结瓜数可达 14 个以上，单瓜重 300 克左右。缺点是易感病，不耐贮运。

8. 白兔娃

中熟种。长势中等，孙蔓结瓜为主。果实椭圆形，两头稍凹入。单瓜重 300～800 克，皮色、肉色、种子均为白色。果实有 10 条浅纵沟，肉厚 1.8 厘米，质脆稍软，含糖量 9%，品质中上，果实生育期 33～35 天。白兔娃皮较光，无棱，成熟后果柄自然脱落。全生育期 90 天。

9. 白线瓜

中熟品种，孙蔓结瓜。全生育期 85～90 天，果实生育期 35 天。果实筒形，蒂部略尖，单瓜重 500 克左右，皮色淡绿，有绿色纵线 10 条，稍凹入，肉厚 1 厘米，白色，质极酥嫩，轻捏即碎，品质中上，种子红色。

10. 白棒子

中熟种。果实为长棒形，单瓜重 300～500 克。果皮白色，熟时微黄，脐部有放射状短沟。果肉白色，肉厚 2 厘米，质脆多汁味甜微香，含糖量 9.6%，品质上等。全生育期

110 天，果实发育期 40 天。种子白色，单瓜种子数 587 粒，千粒重 14 克。

11. 台湾蜜瓜

果实卵形，平均单瓜重 300 克，果皮绿白色，有浅沟，皮薄而脆。白肉，细脆多汁，味极甜，含糖量 12% ～ 16%。全生育期 84 天。黑龙江、吉林、辽宁等省均有栽培。

12. 齐甜 1 号

早熟品种。生育期 75 ～ 85 天，果实长梨形，幼果绿色，成熟时转为绿白色或黄白色，果面有浅沟，果柄不脱落，单瓜重 300 克左右。果肉绿白色，瓤浅粉色，肉厚 1.9 厘米，质地脆甜，浓香适口，品质上等。

13. 龙甜 1 号

生育期 70 ～ 80 天。果实近圆形，幼果呈绿色，成熟时转为黄白色，果面光滑有光泽，有 10 条纵沟，平均单瓜重 500 克。果肉黄白色，肉厚 2 ～ 2.5 厘米。质地细脆，味香甜，品质上等。

14. 美浓

果实梨形，单瓜重约 500 克，大小整齐，成熟时果皮呈银白色，稍带黄色；果肉淡白绿色，质地细嫩甜美，耐贮藏；早熟，春作 80 ～ 90 天，夏秋作 65 ～ 75 天，开花至采收 28 ～ 32 天；抗枯萎病，耐病毒病，生长强健，适应性强，栽培容易。

15. 铁甜白玉香瓜

该品种单瓜重 600 ～ 800 克。果实圆球形，乳白色，果面光滑，无棱无沟，不易产生裂纹和污点，外观美丽。果肉白色，特甜，个个保甜，肉质松脆，香味浓，风味正，品质极佳。果皮耐磨损，运输过程皮不变色，瓜不裂，不倒瓤。连续结果能力强，可结 3 茬果，雌花开放后 30 天果实成熟，果实成熟时果柄不脱落，保护地栽培，雌花蕾期用防落素或高效坐瓜灵喷瓜胎可提高坐瓜率。抗病力强，不死秧，不烂瓜，不裂瓜。

16. 钻石香瓜

早生强健、耐热耐湿，抗病力特强，产量高，成熟时色皮呈白绿，微带黄色，果重 500～600 克。肉质松爽细嫩，甜而多汁；成熟时果梗不易脱落、不易裂果、极耐运输。生育期 70 天左右。

17. 全顺六号

出苗至成熟 52 天左右，长势强健，叶片肥大，耐重茬，特抗瓜类病害。子蔓、孙蔓均可结瓜，瓜梨形，成熟时黄白色带绿肩，美观靓丽，浓香甘甜爽口，瓜大整齐，坐果能力极强，产量特高，熟期集中，耐运输。

18. 钱串子

极早熟正常年份生育期 58 天左右。瓜大整齐，有浓郁的香味。果实长椭圆形，黄白色，座果率极高，瓜码特密，不裂口，抗揉搓、耐运输。单瓜重 500～800 克。

19. 甜蜜一号

早熟品种，果实梨形，瓜码整齐，成熟时黄白色十分美观，瓜瓤白色，不倒瓤，甘甜香脆，极品甜瓜。单瓜重 400 克左右，耐运输，高抗瓜类病害，是老瓜区更新换代优质早熟杂交品种。

20. 白宝玉翠 1 号

早熟品种，正常年份 56 天左右成熟。果实圆形，成熟时黄白色，瓜瓢橘红色，甘甜爽口，香味浓，是甜瓜中的极品。抗揉搓、耐运输，高抗瓜类病害，单瓜重 450 克左右，瓜密整齐。

21. 白宝玉翠 2 号

早熟品种，正常年份 56 天左右成熟。果实高圆形成熟时黄白色，甘甜爽口，香味浓，是甜瓜的极品。抗揉搓，耐运输，高抗瓜类病害，单瓜重 450 克左右，瓜密整齐。

22. 早开园

极早熟品种，比齐甜一号早 15 天，果实梨形，瓜密整齐，成熟时黄白色十分美观，瓜瓢橘红色，不到瓢，甘甜香脆，堪称极品甜瓜。单瓜重 400 克左右，耐运输，高抗瓜类病害，是当前市场上的优质极早熟杂交甜瓜品种。

二、黄皮品种

黄皮品种瓜成熟时，皮色明显变黄。主要品种有十棱黄金瓜、镇海黄金瓜、八方瓜、喇嘛黄、荆农四号、春香、金太郎、太阳红等。

1. 十棱黄金瓜

果实卵圆，金黄皮，有 10 条白道，故名。外形美观，脐小而平，白肉，质脆味甜，单瓜重 250～500 克。全生育期 80 天左右，耐湿性较强。

2. 镇海黄金瓜

果实长卵形，单瓜重 350 克左右。果皮金黄色，有白色宽条，外形美观整齐。果肉白色，细脆味甜。全生育期 90 天，抗湿性强，适应性较广。

3. 八方瓜

果实圆筒形，长约 20 厘米，横径 13 厘米，皮淡黄色，瓜面有不规则的突出纵棱约 8 条。果肉厚，脆嫩多汁，绿肉，味甜，香浓，单果重 250 ～ 500 克。抗病性强，适应性强，凡种植香瓜的地区均可种植。

4. 喇嘛黄

果实长卵形，单瓜重 460 ～ 700 克。果皮黄色，有暗条纹，皮脆而沙。果肉白色，肉厚、质脆，味甜，瓤橘黄色。种子黄色，千粒重 18 克。子蔓结瓜，全生育期 82 天。

5. 荆农四号

果实卵圆形，果皮黄色，有白绿色沟。肉白色而细脆，味甜，肉厚 2 厘米，瓤及种子均为白色，千粒重 18 克。

6. 绿香瓜

早熟种。主蔓能出现雌花，在子、孙蔓上坐瓜。果实为圆锥形，单瓜重 200 ～ 400 克。果皮黄色、有棱，果肉浅绿色，肉厚 1.5 ～ 1.8 厘米，肉质柔软，汁液中等，微甜，有浓香味，品质下等。果实发育期 32 天，全生育期 90 ～ 100 天。

7. 甘黄金

果实长椭圆形，黄皮白肉，质脆多汁味甜。单瓜重 500 ～ 750 克，品质上等。子、孙蔓结瓜，适应性强。

8. 黄金 9 号

果实长卵形，单瓜重 300～350 克。果皮金黄；有浅沟。肉白色，甜脆多汁，肉厚 1.6 厘米。种子黄白色，千粒重 12 克。全生育期 90 天。

9. 金塔寺

果实卵圆形，脐大而突出，近脐部有 10 条纵沟，灰绿皮，成熟时转黄。绿肉、味甜，水多，单瓜重 500 克左右。种子似米粒，米黄色。

10. 金碧辉

极早熟品种，生育期 65～70 天。果实近圆形，幼瓜浓绿色，附 10～12 条淡绿色条纹。成熟时金黄色，附黄绿色条斑。果面光滑，极美观，单瓜重 200～300 克。果肉厚 1.2～1.5 厘米，杏黄色，极甜，香气浓，酥脆，品质极佳。种子黄色，中等大小。成熟期集中，从开始采收到收获完只需 14 天。抗蔓枯病、炭疽病能力强，较抗白粉病。

11. 八里香

果实长圆，成熟底色枯黄，有绿条斑。果面光滑，绿肉，肉厚 2～2.5 厘米，单株结瓜 2～3 个，单瓜重 400～600 克。生育期 90～95 天，商品性好。

12. 特早蜜仙

果实近圆形，淡黄白色，特美观。单瓜重 400～500 克。肉质细脆，含糖 16%，特甜，香味浓，品质极佳。糖度可保证较齐甜一号、白马于了、富玉等其他早熟品种高 1 度以上。果实耐运输，运输过程皮不变色，瓜不裂。主蔓、子蔓、孙蔓均可结瓜，极易坐瓜。生育期 60 天，同齐甜二号相似。

植株抗病力强，不死秧，不烂瓜，不裂瓜，亩产 3000 公斤。

三、绿皮品种

绿皮品种瓜皮绿色或墨绿色，有深绿色条纹或白色条沟。主要品种有铁把青、海冬青、青羊头、十道子、羊角蜜等。

1. 铁把青

中早熟香瓜品种，从播种到始收约 73 天，其瓜为长卵圆形，皮为绿色，成熟时变为黄白色，瓜表面有浅沟，皮薄而肉脆，其味芳香浓郁，含糖量高。该品种子孙蔓均有结瓜，每株坐果 3 ～ 4 个。

2. 海冬青

果实卵形，单瓜重 500 ～ 950 克。果皮灰绿色，有深绿细条，皮脆。绿肉，果顶稍大，果脐突出，肉质脆，微香，味极甜，含糖量 13% ～ 14%。易坐瓜，产量高。全生育期85 天左右。

3. 羊角蜜

果实似长锥形，一端较粗，一端稍细而尖，微弯似羊角状，故名。果皮绿色带暗绿条纹，肉橘黄，质细味甜，种子红色，单瓜重 1000 克左右。

4. 娄瓜

果实短圆形，单瓜重 750 ～ 900 克。果皮黄绿色，上有深绿斑条，有浅沟。成熟时，果面有枯黄色晕，皮脆而薄。果肉绿黄，近瓤处枯黄、质面，肉软厚，味淡。主蔓 4 ～ 5节发生雌花，子蔓及孙蔓每节可发生雌花。自开花到果实成熟仅需 20 天左右。

5. 一窝猴

早熟种,子蔓 1 ~ 2 节出现雌花,以子蔓和孙蔓结果为主。果实梨形稍长,单瓜重 250 克左右,果皮浅绿泛白,果肉白色或淡绿色,肉厚 1.0 厘米,酥脆。全生育期 70 ~ 80 天,果实生育期 30 天。

6. 窝里围

早熟种,长势较弱,主蔓 2 ~ 4 节即出现雌花。果实梨形,稍长,单瓜重约 250 克,皮色淡绿,果肉白色,厚 1.0 厘米,酥脆,品质稍差。全生育期 70 天左右,果实生育期 33 天。

四、花皮品种

花皮品种瓜皮底色黄白,上有绿色斑纹或条纹,统称花皮。主要品种有红到边、王海瓜、小花道、蛤蟆酥、香水等。

1. 红到边

果实椭圆形,单瓜重 350 ~ 450 克,果皮深绿,上有浅绿条与绿斑,皮脆。果肉枯黄,肉软多汁,味稍甜。全生育期 91 天。

2. 王海瓜

中熟种,孙蔓结瓜,是河南省著名的地方品种。果实卵形,单瓜重 600 ~ 800 克。果皮绿白微黄色,有白色浅沟。白肉,细脆多汁,味极甜。全生育期 90 天。

3. 香水

果实长卵形,成熟底色淡黄,有绿条斑,果面光滑。果肉白色,肉厚 2.0 ~ 2.5 厘米。单瓜重 350 ~ 500 克。单株结瓜 2 ~ 3 个。全生育期 80 ~ 85 天。抗病性强,商品性好。

4. 麻粒

果实长筒形，黄皮带花纹，形似芝麻，故称麦仁籽或芝麻粒。安徽、河北、山东等地均有栽培。

5. 青皮青肉

果实卵圆形，果面绿黄色，有皮色沟，皮脆。果肉绿色，肉细多汁味甜，肉厚 2.3 厘米。单瓜重 550 ～ 950 克。全生育期 81 天。

6. 黄金道

果实卵形，单瓜重 800 克。果皮黄绿色，有深绿花斑。皮脆，肉白色，肉厚，近腔处橘色，松脆，味淡。子蔓结瓜，生育期 86 天。

7. 杂交八里香

植株长势较强，较抗枯萎，白粉，霜霉等病害。子蔓孙蔓均可结果。单瓜重 500 ～ 550 克。果实为正梨圆形，深绿色覆金黄色条带，果面光洁，鲜艳美观。口感香，极甜，香味纯正，耐贮运。单株结果可达 5 ～ 8 个，坐果后 25 ～ 28 天采收。

8. 杂交冰糖子

植株长势强，抗枯萎，白粉，霜霉等病害。子蔓孙蔓均易结果。单株结果可达 5 ～ 8 个，坐果后 25 ～ 28 天采收。单瓜重 500 ～ 550 克，果实为长圆形。深绿白微黄至橘黄色覆绿条斑，果面光洁，鲜艳美观。肉质极为香甜脆爽，口感香，品质极优，耐贮运。

9. 香满地

果实长椭圆形，幼瓜绿色，成熟时变黄并带有黄绿色斑块，瓜瓤粉红色，甘甜，有浓厚香味，瓜大整齐，坐果整齐，坐果率极高，瓜码特密，产量特高，是同类品种的 2～3 倍，折光糖高达 18～20 度，单瓜重 500～800 克，不裂口、不烂瓜，抗揉搓、耐运输。熟期集中，特抗瓜类的各种病害。

第二章 日光温室的选址及建造

日光温室又叫塑料大棚，由采光和保温维护结构组成，以透明塑料薄膜为覆盖材料，主要依靠太阳辐射和蓄积太阳辐射能，进行农业生产的保护栽培设施，其骨架常用竹、木、钢材或复合材料建造而成。

第一节 种植地选择

选择日光温室地址时，首先应选择地势高燥、开阔，地下水位低、地形平坦、东、西、南三面无高大树木或建筑物遮阴的地方。

香瓜生长较弱，根系较浅，对土壤要求较为严格。在生产上，应选择土层深厚疏松、富含有机质的砂壤土或壤土的地块。这类土壤透气性、适耕性都较好，早春温度回升快，植物根系入土深，伸展快，分枝多，须根生长旺盛，可促进根系的生长和叶片的光合作用；夜间降温快，可以减少植株养分的呼吸消耗，有助于幼苗早发和后期糖分积累。

香瓜忌连作，前茬为瓜类的地块，再茬不仅产量降低，品质变劣，而且易发生枯萎病。因此，除了南瓜外，其他瓜类前作的，特别是前作是黄瓜的，不宜种香瓜。

适于香瓜的前茬作物很多，豆科、茄科、禾本科、百合科等多种作物均宜作香瓜的前茬。同样，上述多种作物、蔬菜也适于作香瓜的后茬。

近年来，利用南瓜作砧木，进行嫁接栽培，较有效地防治了枯萎病的发生与危害，故短期连作，亦无大碍。为了销售、生产方便，可连作 2～3 年。

种植大棚香瓜需要人工灌水，要选择靠近水源的地块以方便排灌，有条件的打深井更好。

第二节　日光温室的类型及结构特点

香瓜可以搭架生长，也可爬地生长。因此要根据香瓜的栽培形式选择日光温室的类型。爬地生长，瓜秧很矮，可利用塑料中、小棚等设施进行保护栽培；采用吊架立体栽培，要选择中、高棚等设施进行保护栽培。吊架立体栽培是目前设施栽培中提高经济效益的最重要的措施之一。

一、塑料大棚的类型及结构特点

塑料大棚能充分利用太阳能，有一定保温作用，并且可在一定范围内调节棚内的温度和湿度，其建造容易、使用方便、投资较少。但在我国北方地区，日光温室主要起到春季提前和秋季延后的保温栽培作用，很难进行越冬栽培。

我国地域广阔，各地的塑料大棚类型各式各样。塑料大棚按覆盖形式可分为单栋大棚和连栋大棚两种，按棚顶形式可分为拱圆形大棚和屋脊形大棚两种。拱圆形塑料大棚对建造材料要求较低，具有较强的抗风和承载能为，是目前生产中应用最广泛的类型，常用的拱圆形塑料大棚有以下几种形式。

1. 竹木结构塑料大棚

竹木结构塑料大棚（图2-1）的建筑材料以竹竿和木杆为主。

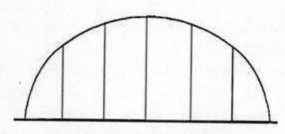

图2-1　竹木结构塑料大棚示意图

跨度12～14米，矢高2.6～2.7米，用3～6厘米直径的竹竿为拱杆，每一拱杆由6根立柱支撑，拱杆间距为1～1.1米。立柱用木杆或水泥预制柱。棚长50～60米，每棚600平方米左右。拱杆上盖薄膜，两拱杆间用8号铁丝作压膜线，两端固定在预埋的地锚上。地锚为水泥预制块，长、宽、高为30厘米×30厘米×30厘米，上置铁钩，亦可用石块作地锚。

这种结构的优点是取材方便，各地可根据当地实际情况，竹竿或木杆均可，造价较低，建造比较容易。缺点是由于整个结构承重较大，棚内起支撑作用的立柱较多，使整个大棚内遮光率增高，光照条件较差，棚内空间不大，作业不方便；材料使用寿命短，抗风雪荷载性能差。

2.悬梁吊柱拱架塑料大棚

悬梁吊柱拱架塑料大棚（图2-2）是在竹木结构大棚的基础上发展起来的，主要包括立柱、拉杆、小支柱、拱杆、压杆或压膜线、塑料薄膜等部分。

大棚棚宽8～12米，矢高2～2.2米，长40～60米。立柱用5～8厘米直径的木杆、竹竿或水泥预制柱制成，承担棚架及薄膜重量。每排立柱由4～6根组成，东西方向立柱距离为2米，南北方向立柱距离为2～3米。12米宽的大棚，每根拱杆下有6根立柱，其中2根中柱高为2米，腰柱高1.7米，边柱1.3米。全部立柱均埋入地下0.4米，下垫柱基石防立柱下沉。

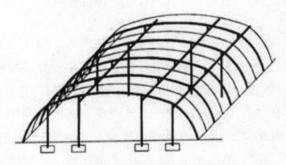

图2-2　悬梁吊柱拱架塑料大棚示意图

拉杆纵向连接立柱、小支柱，承担拱杆、压杆的横梁。拉杆对大棚骨架整体起加固作用；其横向承压较大，一般用6～8厘米粗的竹竿或木杆制成。拉杆固定在立柱顶端下方 20 厘米处,形成悬梁,接小支柱。

小支柱又叫吊柱,用木棒锯成,长约 20 厘米。顶端锯成凹形承放拱杆,下端钻孔固定在拉杆上。小支柱间距 1 ~ 1.2 米。

拱杆是支撑塑料薄膜的骨架,用 4 ~ 5 厘米直径的竹木制成。横向固定在立柱顶端或小支柱上,形成弧形棚面,两侧下端埋入地下 0.3 米。

塑料薄膜在拱杆上,在两拱杆间用 8 号铅丝作压膜线压紧薄膜。

悬梁吊柱大棚的优点是减少了部分支柱,大大改善了棚内的光环境且具有较强的抗风载雪能力,造价较低。

3. 焊接钢结构塑料大棚

焊接钢结构塑料大棚(图 2-3)是利用钢结构代替木结构,其拱杆、拉杆均用钢管或圆钢焊成的弧形平面桁架或三角桁架制成。

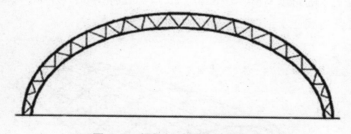

图 2-3 焊接钢结构大棚示意图

全棚无立柱,棚宽 12 米,矢高 2.8 米,长 40 ~ 60 米。弧形平面桁架由上弦杆、下弦杆及连接上下弦的腹杆焊成。

上弦杆多用 16 毫米的圆钢或 25 毫米钢管制成，下弦杆用 10 毫米圆钢，腹杆用 6 毫米钢筋，桁架宽 20 ～ 25 厘米。桁架间距 1 米。桁架下弦处用 3 道 16 毫米的圆钢或花梁作纵向拉梁，拉梁上用 14 毫米的钢筋焊接两个斜向小立柱支撑在拱架上，以防拱架扭曲。桁架上覆塑料薄膜，并加压膜线。

这种结构的塑料大棚比起竹木结构的塑料大棚，承重力有所增加，骨架坚固，无中柱，棚内空间大，透光性好，作业方便。但这种骨架在塑料大棚高温、高湿的环境下容易腐蚀，需要涂刷油漆防锈，每 1 ～ 2 年需涂刷 1 次，如果维护得好，使用寿命可达 6 ～ 7 年。另外，焊接钢结构有些结构需要在现场焊接，对建造技术要求较高。

4. 镀塑（锌）钢管装配式塑料大棚

镀塑（锌）钢管装配结构塑料大棚（图 2-4）是由工厂按定型设计生产出标准配件，运至现场安装而成。目前国内生产的跨度有 6 米、8 米、10 米等几种，长度为 30 ～ 66 米，矢高 2.5 ～ 3 米，均为拱圆形大棚。

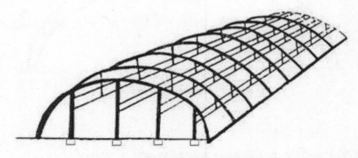

图 2-4　镀锌钢管装配式大棚

棚体南北向，棚内无立柱。装配式大棚骨架由镀锌薄壁钢管制成，还有拱杆、纵筋、卡膜槽、卡膜弹簧、棚头、门、侧部通风装置等，通过各种卡具组装而成。大棚拱杆是由两根弧形直径 28～32 毫米钢管在顶部用套管对接而成，拱杆距 0.5 米。全棚用 6 条纵筋连接。大棚附有铁门和手摇卷膜通风装置。

这种材料的大棚现场安装，施工方便，并可拆卸迁移；棚内空间大、遮光少、作业方便，有利于植物生长，棚结构也不易腐蚀；冬季密封性能好，抗风雪能力强。其拱杆、纵向拉杆、端头立柱均为薄壁钢管，并用专用卡具连接形成整体，所有杆件和卡具均采用热镀锌（塑）防锈处理，使用寿命可达 15 年以上。这种大棚有工厂化生产的工业产品，已形成标准、规范的多种系列类型，是我国大棚的发展利用方向。

近年来，有的地方利用轻烧镁等材料，加上各种粘合剂，做成复合材料，代替镀锌钢管，做成装配式大棚。这种大棚较轻巧，价格较低，但应用年限较短。

5. 水泥预制件组装式塑料大棚

水泥预制件组装式塑料大棚的骨架全部由水泥预制件拱杆与水泥柱组装而成，根据拱杆的结构分为以下三种类型。

（1）双层空心弧形拱架预制件组装大棚：棚宽 12～16 米，矢高 2～2.5 米，长 30～40 米，面积 500～600 平方米。其拱杆长 5 米，厚 8 厘米，为水泥预制的双层弧形拱片制成。上弦为半径 10 米的弧形，宽 8 厘米；

下弦是直拉梁，上下弦间最宽处为 25 厘米，中间有三个横向联接柱。中柱为断面 10 厘米×10 厘米的水泥立柱，高 2 米，两侧边柱高 1.3 米。立柱顶端预制成凹形的顶座，以固定拱片。边柱两边有斜向顶柱，以防边柱向外倾斜。立柱均埋入地下 0.4 米，下端铸入水泥基座中。中柱与边柱距离 5 米，边柱与斜顶柱脚距 0.5 米。每隔 1.2 米设一排立柱。柱顶架设水泥预制拱片、通过预埋孔，用 8 号铁丝固定在柱顶。各排拱杆纵向用直径 10 毫米的圆钢联结固定。南北两头立柱用拉筋拉紧，埋入地下与地锚相连。

（2）宽板预制梁式组装大棚：其结构与上一种类型基本相同。不同处为拱杆为弧形的水泥预制宽板，宽、厚为 10 厘米×15 厘米。棚内无立柱。

（3）玻璃纤维水泥预制件组装大棚：这种大棚与宽板预制梁式组装大棚相同。不同处为拱杆为玻璃纤维作增强材料的水泥预制件。

水泥预制件组装式大棚的棚体坚固耐久，应用年限长，抗风雪能力强，棚面光滑，便于覆盖草苫，内部空间大，操作管理方便。其缺点是棚体太重，不易搬迁，拱架体积太大，遮光量大，造价亦稍高。

二、日光温室的类型及结构特点

日光温室是我国北方冬季应用的主要设施，三面围墙，脊高 2.8～4.5 米，跨度 8～12 米，其热量主要依靠太阳能。目前，用于香瓜设施生产的主要是半拱圆形日光温室，规格有单跨和双跨两种屋面类型，后墙和后屋面的结构主要为短后坡高后墙。

1. 单跨半拱圆形日光温室

单跨半拱圆形日光温室（图 2-5）为短后坡高后墙半拱圆形结构。

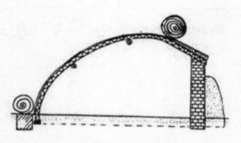

图 2-5 单跨半拱圆形日光温室示意图

目前，设施香瓜栽培常用日光温室的跨度为 8～10 米，脊高 2.8～4.5 米，后坡长 1.5～2 米，后墙高 1.8～2.5 米。各地可依据选择的香瓜品种，对当地常用的半拱圆形温室结构进行调整。一般高纬度、寒冷地区温室的高度和跨度可适当缩小，墙体要相应加厚或采用保温性好的异质复合墙体；低纬度、冬季较温暖地区，温室的高度和跨度可适当加大。

2. 双跨半拱圆形日光温室

双跨半拱圆形日光温室（图 2-6）造价低，但保温性较差，也可用于香瓜的早春促成栽培。

这种日光温室为了克服在特殊天气条件下极端低温对香瓜生长发育的伤害，可在中部和后墙设置临时加温装置，后墙还可采用夹心砖墙，夹层填充保温材料。

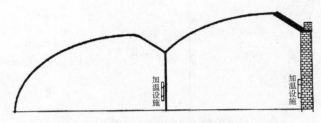

图 2-6　双跨半拱圆形日光温室示意图

第三节　日光温室的建造

　　日光温室的建造时间应根据香瓜的定植时间、天气和劳力情况等而定。冬春茬香瓜一般在 2 月上中旬定植，因此，大棚必须在此前建好；华北地区一般在秋末冬初，土壤封冻前建成。

　　日光温室的修建绝不是一蹴而就的事。对于一个新建棚的农户来说，修建一个 600 平方米左右的日光温室，其工程量和操心费力程度不亚于盖五间砖瓦房。因此，绝不可等闲视之。日光温室物料的准备，如薄膜、竹竿、水泥立柱、铁丝等应提前备好，切不可现用现买，否则缺此少彼，难以保证建棚进度。因此，一般要求 7 月份备料，8 月份始建，9 月中旬前建棚结束，9 月下旬至 10 月初正式投入使用。

一、塑料大棚的建造

1. 塑料大棚的大小

一般情况下大棚以 300～600 平方米为宜，覆盖面积过大，虽然冬季保温性能越好，温度稳定，受低温影响越小，但有通气不良、管理不便的弊端。

大棚的长度以 40～70 米为佳，过长则运输管理不便，且两头温差过大，造成棚内香瓜生长发育不一致。

大棚的宽度以 8～12 米为宜。太宽通风不良，棚面角度太小，进光量不足。另外，拱杆负荷加大，支撑应力降低，抗风和雪压力减弱；且棚顶面平，易积水、雪，棚膜的固定也困难。

大棚的高度以 2.2～2.8 米为适宜，最高不要超过 3 米。大棚越高承受风的压力越大，易遭风害，且保温能力下降，建造成本亦大。但大棚过低时，棚面弧度变小，承受压力能力弱，积雪不易下滑，易积水，容易造成超载塌棚。

2. 塑料大棚的方位

在建造大棚时，除了要根据地形来决定方位外，在寒冷地区，早春、晚秋生产时，选用东西向延长的大棚有利种植。

3. 塑料大棚的建造

（1）竹木结构塑料大棚的建造：现以面积 600 平方米，跨度 10 米，长 66 米，棚高 2.2 米，四排立柱的竹木水泥混合拱圆大棚为例，说明所需物料的种类、规格和数量。

①物料准备

Ⅰ. 立柱：2.7 米的中柱 46 根，2 米的边柱 46 根，均为水泥预制而成，立柱的规格：断面可以为8厘米×8厘米或8厘米×10厘米，中间用3～4根直径为6.5毫米的钢筋加固。每根立柱的顶端制成凹形，以便安放拱杆，在离顶端5～30厘米处，分别扎2～3个孔，以便固定拉杆和拱杆。

Ⅱ．拱杆：需准备直径4～5厘米、长5～6米的竹竿240～260根，直径5～6厘米、长5～6米的竹竿或木制拉杆50～60根。

Ⅲ．8号铁丝50～60千克，14号铁丝20～30千克。

Ⅳ．薄膜：可选用聚氯乙烯无滴膜，其厚度一般在0.08～0.12毫米。全棚共用幅宽3米的薄膜5块，一般两侧围裙用幅宽2～3米的薄膜一块，用量为170～200千克。聚氯乙烯无滴膜其增温保温效果好，膜面无水珠，棚内湿度小，植株生长快，病害轻。

各地在建棚时，可以此为参考，因地制宜，就地取材，既保证大棚牢固耐用，又尽量减少投资。

Ⅴ．保温覆盖物：保温材料多用草苫、防寒被等。

●纸被草苫：纸被草苫都是日光温室前屋面夜间覆盖保温的不透明覆盖物，纸被由4层牛皮纸缝合而成。因为它本身隔热性好，加上中间又有多层空气间隔，因此隔热效果良好。纸被在一般夜间的保温效果为6～8℃，比一层草帘保温效果略低，如果把纸被改为6层牛皮纸，它的保温效果可以和草苫相当。

纸被虽然体轻而保温，但在一些冬季温暖多雨雪地区（如黄淮地区）因纸被易被雨水淋坏，使用就不方便，所以有些地方在纸被外面再罩上一层薄膜，也有的在纸被外面涂上一层油漆，以延长使用寿命，也有的不用纸被，改用双层草苫。

●草苫：草苫可以用蒲草、稻草和谷草等编成。草苫打得紧密，才有良好保温效果，一块宽1.5米，长5.5米的稻草苫，至少应重30千克，太轻则保温性能减弱。在温暖多雨地区，使用草苫也很不便，而且草苫变潮保温效果下降，因此这些地区都预备一层塑料薄膜，下雨天时将薄膜盖在草苫上边，既不潮草苫，又增加了保温效果。但这样的温室不能太长，一般以30米为宜，以便覆盖整块薄膜。

●棉被：冬季温度低而雨雪少的地区，习惯用棉被代替纸被和草苫，做棉被的材料大多是用棉纺厂的落地棉和包装布，造价虽高，但保温效果好，使用寿命也较长（有的地方已用10年以上），因此可以使用，但在冬季雨雪大的地区不能使用。

温室管理最繁重的作业是人工卷放草苫，因此，有条件的可采用机械卷苫机，即利用小型电机和变速箱在温室后面带动一个钢管轴，然后用轴经过屋脊滑轮到草苫底部带动多条绳索，开机后很快将草苫卷起，放帘时再转向滚动，实现了卷苫机械化。

为减省成本，也可以自制简易卷苫器。制作时在一根长竹竿前固定一个比草苫宽度还要长的横铁管，铁管两端各拴一条绳子，绳子下边各拴一个铁环，再另外预备一个比草苫还宽的铁管（活动铁管）。卷苫时两人进行，一人在温室上边，把带铁环竹竿和活动铁管送到下边，这时下边的人将草苫底端卷到活动铁管上，铁管两端套上铁环，上边人再往上拉，草苫自然就跟着卷上去，然后再把活动铁管抽出，进行下一次作业。

另外，温室内可设小拱棚、二层保温幕等，也可设热风炉等临时加温设施，保证作物在寒冷季节栽培能够正常生长发育。

②建棚程序

Ⅰ．埋设立柱：确定好大棚的位置后，按要求划出大棚边线，标出南北两头4根立柱的位置，再从南到北拉为4～6条直线，沿盲线每隔3米设一根立柱。立柱位置确定后，开始挖坑埋柱，立柱埋深50厘米，下面垫4～5块砖以防立柱下陷，埋土要踏实。埋立柱时要求顶部高度一致，南北向立柱在一条直线上。埋好后，中柱地上部分高2.2米，边柱高1.5米。

Ⅱ．安拉杆和拱杆：拉杆又叫横梁，是纵向连接立柱，固定拱杆的"拉手"，一般用直径为5～6厘米的竹竿或木杆，分别沿大棚纵向固定在中柱和边柱顶部，通过穿丝孔用8号铁丝绑紧。固定拉杆前，应将竹竿烤直，去掉毛刺，竹竿大头朝一个方向。

拉杆固定好后再上拱杆，拱杆是支撑塑料薄膜的骨架，沿大棚横向固定在拉杆上，呈自然拱形，每条拱杆用直径4～5厘米的竹竿两根，大头插入土中，小头在棚顶处连接，一般南北向每隔1.2米一根。若拱杆长度不够，则可将大头分别固定在边柱的拉杆下，两侧接上细毛竹或宽4～5厘米的竹片插入土中，深30～50厘米。拱杆和拉杆连接处用15号铁丝绑紧。拱杆的接头处均应用废塑料薄膜包好，以防磨破棚膜。

Ⅲ．覆盖棚膜：扎好骨架后，在大棚四周挖一条20厘米宽的小沟，用于压埋棚膜的四边。有些地区若采用压膜线压膜，应在埋薄膜沟的外侧埋设地锚。地锚可用30～40厘米见方的石块，埋入地下30～40厘米，上用8号铁丝做个套，露出地面。

Ⅳ．薄膜的黏合：无滴膜的幅宽一般为3米，日光温室覆盖时多采用"三大块两条缝"，与拱圆形大棚覆膜不同的是，需要将三幅膜黏合在一起。黏合薄膜的方法是热黏合法：先准备一块宽10厘米左右、表面平滑的长木板或长板凳。上铺一层窗纱，将准备黏合的两块薄膜的膜边，用干布擦净水珠或灰尘，然后重叠在一起，叠合宽度5厘米左右，将其铺在木板上，上面再铺一层牛皮纸，一人在前面拉紧拉平，将经过预热、温度在150～200℃的电熨斗放在纸上，稍用力下压，并慢慢向前移动，使纸下的薄膜均匀受热，黏合在一起，待冷却后即可使用。个别黏合不好的地方，可反复2～3次。薄膜的三边用电熨斗各黏成宽5厘米左右的缝筒，以便穿绳（竹杆）拉紧。

薄膜上的破洞或裂缝可用黏合剂黏补。聚乙烯膜用XY-404黏合剂，聚氯乙烯用环乙酮。也可用黏合胶带直接贴于薄膜的破损处。

Ⅴ．扣膜：扣膜应尽量选在无风的天气下进行。先用麻绳（或竹杆）穿入穿绳筒。扣顶部的膜时两边分别拉紧，扣两侧薄膜，无穿绳筒的边留出40～50厘米，埋入土中固定，再将穿麻绳（或竹杆）的一边在上部拽平拉紧后固定好，然后将顶膜压在两侧薄膜之上，膜连接处应重叠20～30

厘米，以便排水。顶部的薄膜相交处也应重叠20～30厘米。扣棚膜时要绷紧，尽量少有皱褶。最后，在棚膜上每两根拱杆之间加一道压杆固定好，也可用专用压膜线拉紧后固定在两侧地锚的铁丝套上。

Ⅵ．设门开窗：大棚建造的最后一道工序是开门、开天窗和边窗。为了进棚操作，在大棚南北两端各设一个门，也可只在南端设一个门：门高1.5～1.8米，宽80厘米左右。大棚北端的门最好有三道屏障：最里面一层为木门，中间挂一草苫，外侧为塑料薄膜，这样有利于防寒保温。为了便于通风，可以考虑在大棚顶部每隔8～10米开一个1.2米的天窗，或在大棚两侧开边窗。天窗与边窗均是在薄膜上挖洞，另外黏合上一块较大的薄膜，通风时掀开。目前，大面积生产上，多采用在薄膜连接处扒口进行通风，拱圆形大棚的结构。

（2）竹木水泥混合结构大棚的建造：这种大棚的建造方法与竹木结构基本一样，唯其立柱是用水泥预制而成。立柱的规格为断面7厘米×7厘米、8厘米×8厘米、8厘米×10厘米等，长度按要求标准，中间用钢筋加固。每个立柱的顶端成凹形，以便安放拱杆，顶端向下5～30厘米处分别扎2～3个孔，以固定拉杆和拱杆。

（3）悬梁吊柱竹木、焊接钢结构塑料大棚：钢架大棚的跨度一般为12～14米，长50～60米，高2.5～2.8米。1亩左右的钢架大棚需要各种钢材5～6千克，水泥1千克。

制作拱形架时先在水泥地面上画弧形线，按弧线焊成桁架。拱形架之间的距离，以3～6米较合适，中间用竹竿或钢筋作拱杆，拱杆距离 1 米。拱形架之间的距离增大，则抗风力减弱，易受风害，如距离过小，会增加钢材的用量。

跨度大的大棚，最好设 7 根拉梁。中间的一根为三角拉梁，起支撑拱杆，连接各拱形架的作用。大棚每边设三个单片花拉梁，起支撑拱杆和加固骨架的作用。

大棚顶面的坡降很重要，如坡降不合适，会造成拱形面凹凸不平，压膜线无法压紧薄膜，棚顶容易积存雨水和雪，造成棚架倒塌和降低抗风能力。如坡降合适，形成一个抛物线拱形，压膜线各部受力均匀，既防雨、雪积存，又能增强抗风能力。合适的坡降为中间的拉梁高是 2.75 米，第一道拉梁高度为 2.62 米，坡降为 13 厘米，第二道拉梁高度为 2.24 米，坡降为 38 厘米，两个边梁高度为 1.6 米，坡降为 64 厘米。总的要求是从大棚顶端越向两边，坡降应逐渐加大。

各立柱底部、拱形架两端均应建造混凝土基座。拱形架的混凝土基座应在一个水平面上，或从北向南有一些坡降，形成北高南低的趋势，以利于增加棚内光照。基座的上表面应高出地平面 5 ～ 10 厘米，以减缓基座钢板锈蚀。拱形架在焊接时注意其拱形面与地面垂直，若有倾斜，则降低稳固性。

在安装拉梁时，应保持拱架的垂直。为增加强度，在拉梁的两头应加设拉线和地锚，用拉链向外拉紧。大棚内的湿度很大，各钢材易生锈腐蚀，应及时涂防锈漆防蚀。使用过程中也应经常检查及时维修。

（4）镀锌（塑）钢管装配式塑料大棚的建造：安装时

先按图在地上放线，沿棚边内侧挖 0.5 米深的沟，沟底夯实，拉设一圈用 12 ～ 16 毫米的圆钢做成的圈梁。圈梁的四角焊接在水泥基础桩上，每根拱杆均用铁丝与圈梁扎紧，安装后覆盖土壤夯实。这种大棚的基础很重要，基础不牢，在大风时很容易吹倒大棚。

拱杆间距都有一定要求，不得任意加大或缩小。拱杆间距加大虽有降低成本，扩大使用面积的作用，但却有降低抗风雪能力和薄膜固定不紧等副作用。

管式大棚的架材均为薄壁钢管，很易变形和伤残，破坏其配合关系而失去紧度。因此，装配时切忌用铁器狠砸猛敲。

管式大棚的塑料薄膜是用卡簧和卡膜槽固定的，固定处的薄膜极易老化损坏。最好在固定薄膜时垫上一层牛皮纸或废报纸，既可遮蔽一部分日光而降低卡槽温度，减缓薄膜的老化速度，又能减少机械损伤。

拱杆在安装时一定注意在同一平面上，不能扭曲，弧度要圆滑，距离要一致，纵向拉杆和卡槽要平直。覆盖塑料薄膜后，一定要用压膜线压紧薄膜。

二、日光温室的建造

1. 日光温室的大小

建造每栋温室的面积，一般在面积在 600 平方米以内，东西长度 30 ～ 60 米为宜。温室过小，东西山墙遮荫降温的室内面积比例增大。温室过大，室内运输不便，管理亦麻烦。

2. 日光温室的方位

日光温室一般是坐北向南，东西延长，可稍向东或向西倾斜，但角度不超过 10 度。前后温室间距一般以冬至太阳高度角最小时前后排温室不遮荫为准。一般要达到日光温室脊高的 2.2 倍左右，温室一般间隔 4 ～ 6 米。

3. 日光温室的建造

现以钢筋混凝土结构长后坡式日光温室为例，说明所需物料的种类、规格和数量。

（1）物料准备

①骨架材料：一般用钢筋混凝土预制件，主要有柱、柁、檩等，南北方向用竹片每间隔 20 ～ 40 厘米一条，东西方向用 8 号铁丝每间隔 20 ～ 40 厘米一条，靠近室脊间隔近一些，铁丝固定在山墙外的地铺上。

②墙体材料：一般以土墙为主，土中掺入碎稻草或麦秸可以减少干缩裂缝。也可以用砖砌成或用钢筋水泥浇制而成。

③后室面材料：总体要求是轻、暖、严，并要有一定的厚度，其主要功能是把白天吸收太阳辐射的热能蓄存起来，夜间将蓄存的热能释放出来，以提高夜间日光温室内的温度。通常用玉米秸为房箔材料，也可以用高粱秆、稻草、麦秸等材料。

④棚顶材料：日光温室选用聚氯乙烯无滴膜。

⑤保温材料：保温材料一般有草苫、牛皮纸、棉被等，较常用的是宽为 1 ～ 1.5 米的草苫，并在草苫上面加盖纸被纸等方法。

⑥水泥、沙子、碎石的准备。

（2）定点、放线、挖地基：在建造日光温室时，应在平整的地面上先画上施工基础线。画线可用经纬仪测定，亦可先画出北墙的双平行线后，再按距离画出两山墙的施工线。线外钉上木桩，以便及时校正测量。通常，固定了温室的四个角的位置，温室的方位即被全部固定。

为保证日光温室墙体坚固，应挖墙地基，一般地基深60～80厘米，用砖或石块砌成。为建造省工，有的地方在平地打夯即为地基，有的地方是在平地上直接砌砖或土打墙。这种不打地基的做法极为有害，特别是在地下水位高、沙质土、场地极不平整时，很易造成墙体倒塌、温室变形等恶果。

（3）日光温室的建造

①薄膜的黏合：按竹木水泥混合日光温室的薄膜的黏合方法进行黏合。

②沙石料的选择及水泥立柱的成型：水泥立柱起着支撑棚面的作用，要求坚固耐用。因此，对用料要求严格。打制立柱所用的水泥不得低于400号，沙子及碎石在使用前要充分过筛，不带土及枯草等杂物。打制前，将水泥、沙子、碎石按1：2：3.5的比例混合均匀，加水适量。打制立柱时，在模型板中投料约1/3时，放入钢筋，一般为2～4条，后立柱因承重较大，至少应有直径6.5毫米的钢筋4条，箍筋3条，浇铸时把钢筋拉直、摆平，然后继续投料，并依次捣实，达到厚度要求时，将上面抹平，轻轻取下模型板，上面覆盖湿草帘，并经常洒水保湿。

为了便于建棚时绑缚，打制立柱时，还应考虑在顶端设计适当的样式，并留出穿丝孔。一般顶端为"T"形或"U"形结。这样有利于安放横梁和拱杆。穿丝孔离顶部10厘米左右，沿与凹形面垂直的方向中部穿插。一般是在成型后立即插入 5 毫米左右的树条或钢筋，待立柱干后抽出。

③后墙的建造：后墙是防风御寒、支撑固定棚体的主要部分。后墙的取材和厚度与保温的关系很大。目前生产上应用的多为土墙，即用草泥垛或"干打垒"（木板打墙）。日光温室后墙一般厚度为 90～100 厘米，底部应略厚一些。据计算，墙体厚 1 米时，其散热系数接近于 0，保温效果好。打墙时，一定要夯实墙基。"干打垒"时，注意离开墙体 1.5 米以外取土，防止引起雨后坍塌。后墙的高度一般为 2～2.2 米，板打墙时分 2～3 层打成，注意每层都要用力夯实。土墙在雨季前打完时，应覆盖薄膜防雨，以免雨水冲刷破损。土打墙的缺点是田间取土过多，往往在棚后形成一条深沟，而且打乱了土层，不利于移棚后利用。

日光温室应用年限较长，从生产的发展来看，应提倡土坯砌墙或建造砖土结合的空心墙。据测定，同样厚度的墙，用砖土墙较土打墙的保温能力提高 15% 以上。用土坯墙，坚固耐久。可于春季在闲散荒地上取土备料，避免雨季施工和用土过于集中，同时防止了建棚时就地取土造成深沟和打乱土层。用土坯砌墙时，应注意用泥抹严接缝，提高保温效果。

砖土结合的空心墙，一般厚 80 厘米左右，内外各一层砖，南北向平放，中间填充炉渣灰等充实墙心，但每隔 8～10 米加一横膈，使两层空心墙成为一个整体，防止裂缝、透风，提高承载力。

④山墙的建造：山墙即棚室东西两端的墙，其作用与

后墙相同，形状同日光温室的横断面，厚度也为 90～100 厘米。垒建土墙时，前坡和后坡并不是一次性完成造型，而是先建出大体轮廓，在固定好前后坡面的骨架后再用草泥详细修补，使其适应棚面的弧度要求。

⑤埋设立柱：立柱起着支撑棚面的作用。埋立柱时，一般要求立柱下部埋入土中 40～50 厘米，底部设柱脚石，并填以碎砖石固定，以防浇水时下陷。棚南北向设三排立柱，后立柱距后墙 1 米，东西间距 2.5 米，"T"形头在上，沿东西向埋设，为了提高其对后坡面的支撑力，一般上部向北倾斜 5 度左右（约 15 厘米）。埋好后，将基部夯实。在后立柱前 3 米处埋设中柱，东西间距 3.2 米，垂直埋设。前立柱距中立柱也为 3 米，东西间距与中立柱相同，上部向南侧斜 5 度，以支撑拱杆。

⑥搭设前后坡面骨架：先将水泥横梁担放在后立柱上（也可用直径 8～10 厘米的竹竿），用 8 号铁丝通过穿丝孔绑紧。然后取长度 2.2 米左右、直径 8～10 厘米的木材做后斜梁，搭在后墙和横梁上，每隔 1.5 米左右搭一根。后斜梁上端超出横梁 30 厘米左右，倾斜角度约 40°，为了便于捆绑，应使后斜梁尽量靠近后立柱，用铁丝紧固，下端压在后墙中心稍偏外处。在距后斜梁顶部 30 厘米处及中部，各打上一个高 10 厘米、宽 8 厘米、长 20 厘米的木楔，横放两趟直径 8～10 厘米的木棒做后檩。也可不设后檩，每隔 25 厘米拉一道 8 号铁丝。

在中立柱和前立柱上各绑一道直径 6～8 厘米的竹竿做横梁，用铁丝固定好。其上南北向每隔 1.6 米绑一根直径 5 ～ 6 厘米的竹竿；粗端在后，绑在后立柱横梁上，前端固定在前立柱横梁上，连接长 3 水、宽 4 ～ 5 厘米、厚 1 厘米左右的竹片，竹片拿弯后下部多出部分插入地下并固定，基部距前立柱 1.5 米左右。

⑦铺设后坡面保温材料：在后坡面骨架上，先铺一层塑料薄膜，将事先捆好的直径约 20 厘米的玉米秸捆，紧紧地排放一层，上面再盖一层 6 ～ 8 厘米厚的麦秸，然后撒上 10 多厘米厚的土，再用麦秸泥按后面厚前面薄垛 10 ～ 20 厘米并抹平。待其干后，可在上面行走，拉放草苫。有条件的，可买现成的厚 6 ～ 8 厘米的苇板，在后坡骨架上排好，上面再加麦秸和泥至 30 ～ 40 厘米厚并抹平。后坡面盖好后，在最高处后 30 厘米左右东西拉一根 8 号铁丝，以拴拉放草苫用的麻绳。同时，为防雨水冲刷后墙，可在后墙后沿盖一行瓦。经济条件较好者，为提高劳动效率；减少用工，可采用手动、半自动或全自动卷帘机拉放草苫。

⑧盖膜封棚：盖膜前，将事先黏合好的无滴膜，两端各卷在一根长竹竿上，注意卷紧不使其有皱褶。在两山墙上每隔 1 米砸进一根直径 8 厘米、长 40 ～ 50 厘米的木撅。然后，两端各有 5 ～ 6 人用力将薄膜拉紧、拉平，先将一端的绑（卷）膜杆固定在山墙的木撅上，另一端继续用力将薄拉平，也将卷膜杆固定在木橛上。为便于顶部放风，膜的上部留出 40 厘米搭盖后坡面上，前部留出 30 ～ 40 厘米埋入地下。薄膜拉放好后，在两拱杆间用直径 1.5 厘米的细竹竿夹膜固定，也可用专用压膜线压膜。

⑨设通风口：通风换气是日光温室生产中重要而又经

常的一项工作。温室通风主要是依靠在温室屋面上开通风口进行自然通风，通风口通常是分上下两排，上排通风原则上应设在棚面最高处，也就是屋脊部，这排通风口主要是起出气作用，因为热空气重力较小，多聚集在温室的顶部，打开上排通气口，这部分热空气就很容易排到室外。下排通风口以设在离地面 1 米高处为宜，因为下排通气口主要是起进气口的作用，设置太高，会降低通风效果，设置太低，容易使近地面处的低温空气进入室内。

　　用于香瓜冬春茬提早上市的设施栽培通风口面积不应超过 10%。通风口的开设方法，目前生产上多用扒缝放风，即上排通风口是将屋脊处的薄膜扒开，不通风时拉紧；下排的进气口是在覆盖薄膜时先将薄膜分成上下两大片，膜的边缘各粘成一条筒，内穿一根细绳，在扣膜时将绳拉紧，上边的一块膜压在下边一块膜上，互相重叠 20 ～ 30 厘米，再加上压膜线，两片薄膜之间平时没有缝隙，并不影响保温，待需要放风时，从两块薄膜搭缝处用手扒开，就变成一道通风孔道，这种扒缝放风的方式，薄膜不易受损，风量可大可小，操作方便，是一种较为实用的通风方法。

　　⑩进出门及工作间：日光温室面积较大时，常在温室一端建立一个进出门，如果温室长度达到 100 米时，进出门可设在中间。为了防止进出棚室时带进外界冷风，在日光温室入门处应建一个面积 4 ～ 5 平方米的工作间，工作间的门应与日光温室的入门错开位置。同时，为提高保温效果，可在日光温室入门内侧挂一层塑料薄膜和草苫，能起到较好的缓冲作用。

第三章　香瓜育苗技术

除在香瓜集中产区，或各地因种植面积较大而集中育苗、购苗外，瓜农也可通过育苗设施自行育苗。

第一节　播种及相关工作

香瓜种子小，出土力弱，下胚轴细，对播种要求严格，所以，播种前准备工作的好坏、播种质量的高低，直接影响到香瓜的萌芽及以后的发育。因此，播前必须做好充分的准备，争取一次播种达到苗全、苗壮，为香瓜的早熟丰产奠定良好的基础。

一、播期的确定

香瓜采用日光温室早春栽培方式，育苗是必不可少的环节。

1. 育苗的优点

（1）育苗可在外界环境条件不利于香瓜生长的季节，人为地创造一个良好的小气候环境，提早播种，从而相对提前了香瓜的生育期、成熟期。

（2）由于通过育苗移栽，可以将香瓜的生长发育盛期安排在环境条件最适于其生长的季节，从而实现早熟、高产、稳产。试验及生产实践表明，采用日光温室育苗移栽的香瓜，可分别比露地直播提早上市 3 个月，增产 50%～100%。

（3）育苗移栽省种省工，管理方便。

（4）苗床内条件优越，成苗率高，可以节省种子。一般情况下，育苗可比直播省种 1/3，尤其对价格昂贵的种子，育苗更有意义。

（5）苗床内幼苗集中，管理方便，而且便于人为地控制小气候，如调节温、湿度，加强肥水管理和病虫防治等，对培育壮苗十分有利。

（6）育苗移栽可充分利用生长季节，提高瓜田复种指数。利用育苗移栽，可使前作或前套作物延长生长期，以充分利用光温条件良好的生长季节，争得时间，调节茬口，合理套复种，提高土地利用率，实现增产增收。

2. 育苗的时间

播种期一般为定植前的 35 ～ 40 天，冬春茬栽培的，12 月下旬至 1 月上旬播种育苗，2 月中旬定植；秋茬栽培的，7 月中下旬播种育苗，8 月中下旬定植。

二、购种及选种

1. 品种选择

选择抗病、高产、优质、商品性好、适合市场需求的品种。

冬春茬栽培应选择耐低温与耐弱光性能好，坐瓜容易，产量稳定，果形好，品质优良，抗病能力强等综合性状的品种。

秋季延后栽培宜选择对温度适应性强，抗病毒病、高产、优质的品种。

2.选种和晾晒

对种子采取必要的处理，可确保播种后出苗整齐，达到苗齐、苗壮，为培养健壮秧苗打下基础。

无论是哪个单位生产的种子，纯度、净度都达不到百分之百，打开种子包装袋后，从感观上把一些杂色、畸形的种子尽量挑选干净，铁盒装的种子在播种前十天将盒打开，以利于保持种子的发芽率。

在浸种前 2 ~ 3 天，要将种子经过阳光照射后，打破休眠状态，出芽整齐，有利于苗齐、苗壮。

三、育苗设施选择

1.育苗棚室的选择

冬春季育苗时，选用保温、采光性能好的加温温室或日光温室。夏季育苗时，应选择配有防虫网与遮阳网的大棚、中棚等。

2.营养钵的制备

播种常采用营养钵育苗方法，如需嫁接时，先用育苗盘（图 3-1）育苗，嫁接后再移至营养钵内。香瓜育苗时育苗盘最好选用 72 ~ 288 孔穴盘为宜。

图 3-1　128 孔穴育苗盘

（1）塑料钵：用聚氯乙烯或聚乙烯塑料压制成（图
3-2），高 10 ～ 12 厘米、上口直径 10 ～ 13 厘米、底部直
径 8 ～ 10 厘米、上宽下窄各种型号的塑料杯。这种塑料杯
质薄轻便，可多个叠放，便于运输和存放，而且经久耐用，
成本低廉，一般每个塑料杯可使用 2 ～ 3 年。亦可用盛冰
淇淋的塑料筒。

图 3-2　塑料营养钵

（2）纸钵：除购买一次性纸杯外可以用旧报纸或旧书
纸自己黏糊而成。纸钵一般高 8 ～ 12 厘米，直径 6 ～ 10 厘米，
黏糊方法是用对折八开的旧报纸，将其 3/5 部缠绕在啤酒
瓶的下部，再将未缠上的部分依着瓶底分 3 次折回，构成
袋底，后将瓶子轻轻抽出。为防纸袋松开，瓶抽出后要立
即装土、播种、点浇小水。

（3）草钵：为我国南方江浙一带用来培育壮苗的一种
主要育苗方法。草钵制造的方法是将新稻草晒干后疏去叶
梢，切成 35 ～ 40 厘米长，每 20 根左右为一把，将中部扎
住。然后将草均匀地自中部向四周散开，对着口径 10 ～ 14

厘米、高10厘米左右，内里光滑的陶瓷或搪瓷器皿，向底心压入，使每根稻草均匀分散于器皿内壁，把培养土填入，分两次压实。装土要稍高出钵口，最后在钵口上方用稻草将四周绑牢，将草钵从器皿中扣出即成。

草钵制造的关键是培养土要肥活疏松、水分适宜，如培养土黏重或湿度过高，则钵土以后会干硬，不利于幼苗生长。草钵制成后应周圈疏松，中部松软。稻草太多栽入土中影响稻草的分解速度，不利操作。草钵制造虽较费工，但可就地取材，成本低廉；钵外稻草还能吸水，能适当减轻幼苗根部积水危害，稻草腐烂后还有肥效作用。

(4)泥钵：系用泥土烧制的高10～15厘米、口径7～10厘米，底部稍窄的陶钵，也叫小花盆。将花盆内装入培养土，播种香瓜。定植时，应剥离钵土。

3. 苗床建造

小型育苗方式，早春主要是日光温室内套小环棚育苗，这样可省去再建苗棚的费用，夏、秋可采用直播或大田育苗方式。在香瓜早春栽培中，为保证在早春低温季节培育出健壮、适龄的幼苗，日光温室内套小环棚育苗多采用电热温床育苗。

(1) 苗床面积：一般来说，苗床用地面积一般为生产面积的1/100，每平方米苗床可放100只苗钵。具体用地面积可按此算法灵活计算掌握。

(2) 床土的配制：人工配制育苗床土的原料主要有两类，即土壤和肥料。过去配制床土多采用多年种植蔬菜的园土，但近年来研究表明，这会导致多种苗期病害，如猝倒病、立枯病、枯萎病、炭疽病等，因而不宜提倡。

床土最好选用比较肥活而没种过茄果类、瓜类、十字花科类作物的大田土壤，或前茬为豆类、葱、蒜类的地块，掘取时用 13 ～ 17 厘米以内的表层土。床土所占比例为 50% ～ 70%。配制床土用的肥料分迟效肥和速效肥两种。迟效肥有厩肥、堆肥、河泥、塘泥、泥炭、腐殖质等，这些有机肥必须充分腐熟，用量一般为 20% ～ 30%。速效肥有草木灰、人粪尿、化学肥料，用量一般为 5% ～ 10%。如床土中速效肥不足，可补加 0.1% ～ 0.2% 的过磷酸钙或 0.1% 的复合肥。

（3）床土消毒：床土打碎、过筛、混合均匀后必须消毒，常用的消毒方法有蒸汽消毒，或每 1.5 ～ 2 立方米的床土加入 50% 多菌灵粉剂 500 克，拌匀可消毒。

（4）电热温床的铺设：电热温床（图 3-3）是在苗床内铺设电加温线，通电后发出热量来提高苗床温度的温床。因此电热温床的选址应首光考虑电源及其安装利用条件。电热温床育苗的优点是床土升温快，且均匀稳定，温度掌握；幼苗出土快而均匀；幼苗生长健壮，病害较轻；经济效益高，成本小。

电源
200V

图 3-3　电热温床的铺设线路示意图

①电热温床所需用品

Ⅰ.电加温线：为外包漆皮的 0.6 ～ 0.9 毫米的镀锌铁扎丝，是电热温度的主要设备。

Ⅱ.温度控制器：在一些不是很寒冷的地区，也可不用温度控制器，而用电开关控制。

Ⅲ.其他：如保险丝、闸刀以及隔热材料（如碎草、麦糠、树叶、稻壳等）。

②电热温床的建造：当在日光温室内确定好床址（床北边距中柱 30 厘米）后，可根据电热线的功率确定苗床面积。因电热线的功率是额定的，如果苗床面积过大，则达不到所需功率；面积过小又不能充分发挥电热线的效率。实践经验认为，每平方米苗床以 100 瓦左右的功率为适宜。电热线表面的温度不高于 40℃。目前用于苗床的电热线主要有长 100 米、功率 800 瓦和长 160 米、功率 1100 瓦两种型号，可根据所需的苗床面积进行选购。如种一亩香瓜可选用 160 米、1100 瓦的电热线，建 11 平方米左右的苗床即可。

苗床面积确定之后，按东西方向光挖宽 1.2 米、长 9 米左右、深 0.2 米的床池，并建床墙。在整平的苗床底部将隔热碎草、麦糠、树叶或稻壳等物填好、踏实，踩实后其厚度为 3 ～ 4 厘米。在隔热材料上铺湿润细土 3 ～ 4 厘米厚，踩实、耙平。

③铺线

Ⅰ.检查电热线有无漏电现象：其方法是从电热线一头往另一头仔细观察，查明有无线皮破损、线芯外露的现象。

Ⅱ.检查电热线是否能通过电流：通常可以使用万用

表的电阻挡，表针动说明通电。也可用灯泡检查，灯泡接通后出现较弱的灯光即通电。

Ⅲ．铺线：铺线前首先根据电热线长度和苗床长度算出电热线在苗床中的往返匝数，根据匝数算出线距。然后准备两块长与床池宽度相等的木板，按算出的线距，在木板上钉好钉子，钉子半露在外面。钉好后将木板固定在床地两端，即可开始布线。如挂线不用钉钉子木板，也可用小木桩直接插在床地两端。布线时电热线两端的红色接线要拉出床外，不可埋入土中。布线自床地靠近电源一端的角上开始，将电热线在第一个钉上（或木桩上）固定，再往返挂在两端木板钉上，注意要将电热线拉紧，电热线不得有交叉、重叠，以防烧坏、短路。所接外线要与电热线功率适应，同时不得随意将电热线剪短或接长，以免因电阻改变影响功率而发生事故。

布线完毕应接通电源，检查线路是否畅通，如无故障时，切断电源，再在电热线上面覆盖2厘米厚床土，将线压住，取出两端木板或小木桩即完成。

幼苗育成之后，起苗时注意不要踩坏电热线，起线时要用木板轻轻刮掉线上的土，然后缠好，悬空吊挂，以防老鼠咬坏电热线而发生漏电，一般每条电热线可使用3～4年。

四、种子处理

1. 种子处理

（1）种子包衣：选2.5%适乐时悬浮剂10毫升+35%金普隆2毫升，对水150～200毫升包衣4千克种子，可有效地预防苗期猝倒病和其他如立枯病、炭疽病等苗期病害。

（2）温汤浸种：温汤浸种时将晾晒好的种子用55～60℃的热水浸种15分钟，要边倒边搅拌，注意水温不可过高，以免炸裂种壳影响发芽率；水温自然冷却后再浸种4～6小时，种子浸后捞出洗净黏液，再倒入3～4倍量种子的药剂中进行药剂浸种。常用的药剂有0.1%浓度的高锰酸钾溶液浸泡2～4小时、20%抗枯萎600～700倍液浸泡2～4小时、70%的甲基托布津500倍液或50%的多菌灵1000倍液浸泡30～40分钟。在药剂浸泡时要经常翻动搅拌种子，使种子吸药均匀。

2．催芽

包衣的种子可直接播种，不可催芽。未包衣的种子，进行催芽时，将药液浸泡的种子用清水清洗一遍，放于泥盆中，用毛巾盖好放在热炕头上进行催芽，要求温度28～30℃，14～34小时就可出齐芽，当幼芽钻出时应使盆内温度降至25℃左右，播种前降至13～20℃以防温度高涨。

五、播种覆盖

1．营养土配制

装营养钵的营养土选用优质肥沃、未种过瓜类的大田土，腐熟的农家肥及适量的磷钾肥和药剂组成。营养土的比例是土壤6份，腐熟的猪粪占3.5份，草灰占0.5份，混匀过筛，再加上磷酸二氢钾0.5千克，混匀后装入营养钵。

2．播种

营养钵装好后移到苗床上（图3-4），摆平摆严，然后浇一次透水，水渗后用苗菌敌，每袋拌20千克细土，拌均匀后，盖一层0.2厘米的药土，然后放发好芽的种子2～3粒，再用药土覆盖0.4～0.5厘米厚，营养钵全部装好后用地膜盖好。

图3-4　摆放营养钵

3. 出苗

在通常情况下，天气晴好经3～4天即可出苗（图3-5）。出苗后去掉地膜。

图3-5　出苗

第二节　育苗期管理

香瓜从播种到移栽之前这一段时间的管理为苗床管理，大约需要 20 ～ 35 天。早春育苗特别是小型苗床育苗是在人工创造的很小的空间环境内进行的。其中小气候与外界气候有很大差异，但外界气候的变化却时刻对内部小气候发生影响。所以必须对内部空间的温度、湿度、光照、水分、空气等经常进行调节，才能争取达到全苗、壮苗。

我国北方地区，早春气候多变，因此，在苗床管理中必须因地、因时、因环境条件及幼苗状态灵活掌握，细心运用各项措施，方能育出优质壮苗。

1. 温度管理

在育苗过程中，温度管理是技术关键，特别是早春气温较低时，温度管理尤为重要。香瓜在整个育苗时期内，在温度管理中可分为四个阶段。

第一阶段为播种至幼苗出土。在这一阶段中，应保持较高的温度，一般掌握 5 厘米地温在 30℃ 左右。在此温度条件下，种子出苗快而整齐。

第二阶段为出苗后至真叶长出。在这个阶段中，幼苗下胚轴生长很快，为了防止徒长形成高脚苗，要降低温度，白天保持 22 ～ 25℃，夜间维持 15 ～ 18℃。

第三阶段为真叶长出之后至定植前 5 天。在这阶段中，下胚轴细胞趋于老化，伸长速度减慢，所以白天可以将温度提高 2 ～ 3℃，至 25 ～ 28℃，夜间维持 15 ～ 20℃，以加速幼苗发育，使幼苗早发稳长。

第四阶段是定植前 5 天至定植，在这一阶段中，要使幼苗在较低温度条件下进行锻炼，以提高其定植后的适应性。这时温床可停止加温，温度维持在 15 ～ 25℃ 的低温条件下，白天晴天无大风，可将薄膜全部揭开；夜间如无寒潮侵袭，苗床可以只盖薄膜不盖草苫。

温度调节主要通过以下方式进行。

（1）电热温床调节：播种后送电加温，如果有控温仪，苗床温度可通过接点温度计进行调节，并由控温仪实现自动控制。因此，要根据幼苗的不同发育阶段、昼夜的区别、对温度的不同要求和外界气候条件的变化等情况，及时调节接点温度。如无控温仪，则需要经常观察苗床温度情况，通过闸刀的开、合予以调节。

（2）覆盖物调节：各种苗床均可通过覆盖物来实现对温度的调节。

①草苫：草苫是夜晚盖在塑料薄膜之上，防止床面热辐射的保温设备。为了减少床内热量损失，增加太阳光能射入，在不同时期草苫的揭盖应有所区别。在 2 月下旬以前，上午 8 时以后揭苫，下午 4 时以前盖好，以使床温在揭苫后和盖苫前不至于下降过多。2 月下旬以后，上午苗床见光后即可揭苫，下午日落前盖苫。

②薄膜：透明薄膜有良好的光效应和热效应。床内温度偏低时，要将膜盖严；温度偏高时，将膜撑开一口，以通风降温。通风应看苗、看天，并根据幼苗不同时期和外界天气情况灵活掌握。通风要特别细心，尤其是在早春季节，因苗床内、外温度和湿度相差很大，如果撑开膜口过

大，猛然通风，往往引起幼苗失水萎蔫，造成"闪苗"，严重时，会因失水过重或受冷害而枯死。因此，一般上午9时以后通风，开始先将膜边支一小口，以后逐渐增大，下午逐渐将开口减小，4时以后全部闭严。还应注意，开口一定要在苗床背风的一侧，防止冷风直接吹进苗床内使幼苗受伤。另外，因通风口处温度低，所以通风口应经常轮换，不可固定一处不动。温度高时，可撑开几个口同时通风。

通风既能调节温度，又能调节床内的空气成分，增加二氧化碳，有利于幼苗的光合作用。所以，在阴天时，虽然床温不高，也要在中午进行短时通风，只是不要使温度下降过多。只有在雨雪或大风低温天气才不能进行通风。

2. 湿度

整个育苗期水分要严格控制，小苗不能浇大水，如发现干旱可适当补水。补水最好在中午进行，不要浇凉水，要浇20℃左右的温水，在补水中最好加入6000倍液爱多收，能使小苗快生根。

3. 光照

阳光是一切绿色植物光合作用的能量源泉，香瓜又是喜光作物，所以苗床内光照的好坏，是能否培育出壮苗的重要条件。据试验，苗床光照为自然光照的2/3时，幼苗素质极显著地低于自然光下的幼苗，表现叶面积减小、植株干重降低、下胚轴较长、坐果率降低。所以，在育苗期间，自幼苗出土开始使苗床有充足的光照，是至关重要的。

苗床要有充足的光照，主要是通过对薄膜上面覆盖物的揭开来实现，在考虑增强光照的同时，还需要与温度管理结合起来。一般日出后温度开始回升，要及时揭开草苫。下午在苗床内温度降低不多的前提下，尽量延迟覆盖时间。当床内温度偏高时，只能以揭膜通风降温，绝不可以草苫遮光降温。当遇到连阴天气时，亦不可长时间连续覆盖草苫，只要白天气温在8℃以上，就要揭开草苫。因为即使是阴天时的漫射光，也能使秧苗的叶绿素起光合作用制造养分，维持其生命所必需。如果将苗床严密遮光10天以上，再将幼苗猛然暴露在强光之下，幼苗则有猝死的可能。所以除了雨雪天气外，均要及时揭开草苫透光为宜。

4. 及时剥壳

待种子80%出苗后，每天早晨趁种皮湿润时，用指甲将种壳瓣掉，不要伤有子叶和幼茎。

5. 施肥

由于苗床内床土中配有适量的养分，因此，幼苗一般不表现缺肥。但若床土中养分不足，幼苗叶色发黄，生长迟缓而瘦弱，应考虑补充氮肥。施肥方法，可配成0.3%的尿素溶液结合浇水施入苗床。另外，苗床中如出现杂草，要及时拔除。

6. 病虫害防治

防止病害发生的主要措施是保持苗棚内低湿度管理。自出苗后，苗棚内相对湿度要保持在70%以下。可用75%百菌清可湿性粉剂600倍液防治猝倒病。用50%速克灵可湿性粉剂2000倍液防治立枯病；用23%威敌水剂1500倍液或1%威克达乳油2000～3000倍液防治潜叶蝇。

第三节　嫁接苗培育

香瓜枯萎病是香瓜生产上为害严重的一种土传病害。露地栽培时多通过轮作进行预防，而日光温室等香瓜栽培由于设施条件的限制，无法长期维持合理的轮作，因此，作为预防枯萎病的一种有效手段，一般采用抗病砧木进行嫁接育苗。利用抗病砧木进行嫁接栽培，不仅可以防病，而且由于砧木的根系强大，吸肥力强，耐低温，耐弱光性好等特性，还可以提高香瓜对不良条件的适应性；促进香瓜生育，减少肥料，特别是氮肥用量，从而有利于香瓜早熟增产和提高经济效益。因而，嫁接育苗在日光温室香瓜栽培中普遍应用。

1. 砧木的选择

砧木要求抗病力强、与接穗亲和力强、能提高产量、不影响果实品质或者能提高果实品质，较好的砧木有圣砧一号、世纪星等南瓜品种。

2. 嫁接工具

（1）刀片：刮脸刀片，切削接穗与砧木。使用时，将刀片纵向分成两片，去掉毛刺，每片大约嫁接 200 株。

（2）竹签：用于剥离砧木生长点和砧木插孔。其粗度要求与接穗下胚轴粗度相近。将竹签一端削成长为 1～1.5 厘米的马耳形斜面，使其横断面呈半圆形，尖端稍钝。

（3）捆扎工具：塑料夹或 0.3～0.5 厘米宽的塑料带，用以捆扎固定嫁接后的接穗。

3. 嫁接适期

采用靠接法嫁接，在冬春茬栽培时，砧木应比接穗晚播 15 ～ 20 天；在秋茬栽培时，砧木应比按穗晚播 7 ～ 10 天，当接穗香瓜有 2 片真叶展开、砧木南瓜子叶展平时，可以进行嫁接。

采用插接法嫁接，在冬春茬栽培时，砧木应比接穗晚播 5 ～ 7 天；在秋茬栽培时，接穗应比砧木晚播 3 ～ 4 天，当接穗香瓜的 2 片子叶展开、砧木南瓜子叶展平和砧木真叶刚出现时，可以进行嫁接。

4. 嫁接方法

嫁接方法较多，一般常采用靠接或插接的方法，以靠接方法成活率高，便于初学者掌握。

(1) 靠接法：靠接又称舌接，初次进行嫁接育苗者多用此法。靠接法的操作过程如下。

①砧穗准备：在日光温室内分别整好香瓜育苗床和砧木育苗床。先将香瓜种子浸种催芽后播种，待 2 ～ 3 天后，将作砧木用南瓜种子，在 60℃ 温水中浸 10 ～ 20 分钟后再放入 25 ～ 30℃ 水中浸 16 ～ 18 小时，捞出后在 28 ～ 30℃ 潮湿环境中催芽，然后密播于砧木育苗床，盖土厚度 2 厘米。砧、穗苗床均盖好小拱棚，白天温度控制在 25 ～ 30℃，夜间不低于 18℃，使幼苗适当徒长，便于嫁接。下胚轴高度应达 6 ～ 8 厘米，粗 0.2 ～ 0.3 厘米。当幼苗子叶充分展平、真叶初见时，为嫁接适期。

②嫁接准备：嫁接前备好清水一盆，瓷盘或瓷碗 3 个，刀片 2 ～ 3 个，专用塑料夹或 0.3 ～ 0.5 厘米宽的塑料带

若干。

　　③嫁接：砧木、接穗苗大小相近。用清洁的刀片在两片子叶下方 0.5 ～ 0.6 厘米处由上向下斜切一刀，切口斜而长 0.5 ～ 0.8 厘米，深度约为茎粗的 1/2；然后，用刀片在接穗的一片子叶下方 1 厘米处由下向上斜切一刀，切口斜面长 0.5 ～ 0.8 厘米，深度约为茎粗的 1/2 ～ 2/3；第三，将砧木与接穗嵌合在一起，用嫁接夹固定，使砧木与接穗的四片子叶交叉成"十字形"，之后一起栽到营养钵中，浇透水（图 3-6）。

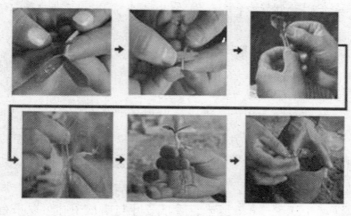

图 3-6　靠接法

　　（2）插接法（图 3-7）：插接法又称顶插接。为使砧木和接穗适期相遇，砧木提前 5 ～ 7 天播种在钵中，同时播催芽的香瓜种子，7 ～ 10 天后嫁接。砧木种子催芽后可直接播于苗床营养钵或营养土块中，每钵 2 苗（最后选留 1 苗）。砧木子叶拱土后，定即播种香瓜，香瓜种子则可密集排开播于瓦盆内洗净的河沙中，置于日光温室内。嫁接适期以砧木第一片真叶出现至刚展开期间、接穗子叶刚展平时为宜。过晚则幼苗下胚轴发生空心，影响成活率。

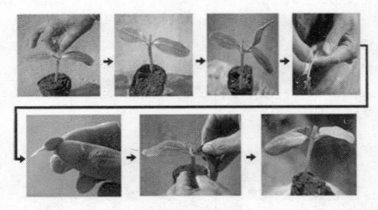

图 3-7　插接法

首先将砧木的生长点去掉，用竹签或其他物品右侧主叶脉向另一侧子叶方向斜插 0.5～0.7 厘米，然后，在接穗香瓜子叶下 0.8～1 厘米处下刀斜切至下胚轴的 2/3，切口长 0.5 厘米左右；第三，竹签抽出后立即插入接穗，插入深度为 0.5～0.6 厘米。香瓜子叶与南瓜子叶可以平行也可以交叉成"十字形"，之后浇透水。

（3）注意事项

①接穗和砧木的贴合面要尽量的大一些，切贴合面要紧一些。

②嫁接过程中要保持嫁接用具、手和嫁接苗的清洁，以防止污染嫁接苗引发病害。

③苗期做好土传病害的防病工作。

④在嫁接苗定植后由于嫁接苗根系发达、生长快，对肥水要求高，应及时施肥灌水。

⑤砧木播种量要比接穗多 10%。

5. 嫁接后的管理

嫁接苗的管理是直接影响成活率，特别是最初 5 天是成败的关键，应创造适宜的环境条件，加速愈合及幼苗的生长。

（1）冬春茬嫁接苗的管理：把嫁接苗放入铺有地热线的小拱棚内，小拱棚上再用纸被等不透明覆盖物覆盖，进行遮阴、保温、保湿管理。前 3 天需要完全遮光，空气相对湿度控制在 90% 以上，3 天后，可逐渐通风、降低湿度和温度，并逐渐增强光照；7 天后可完全见光，12 天后，可切断接穗下胚轴。

（2）秋茬嫁接苗的管理：嫁接苗应放入冷棚内，地面浇水，小拱棚外覆盖纸被或遮阳网，四周通风，白天气温控制在 35℃ 以下，夜间不超过 22℃。并且昼夜通风，防止气温过高造成秧苗徒长，防止高温高湿产生灰霉病。3 天后可逐渐见光，加大通风，7 天后可完全见光，采用靠接法嫁接，12 天后，进行断根，在嫁接口下部 0.5 ～ 1 厘米处切断接穗下胚轴。嫁接苗接口愈合期的温度管理见表 3-1。

表 3-1　嫁接苗接口愈合期温度管理指标

嫁接时间（天）	1 ～ 3	4 ～ 6	7 ～ 9	10 以上
白天气温（℃）	23 ～ 30	22 ～ 28	22 ～ 28	23 ～ 25
夜间气温（℃）	18 ～ 20	16 ～ 18	15 ～ 18	10 ～ 12
地温（℃）	24 ～ 28	22 ～ 25	20 ～ 22	15 ～ 18

　　（3）接穗断根后的环境管理：接穗断根当天，可适当进行遮阴，然后对嫁接苗进行常规管理。白天温度控制在22～25℃，夜间在15～17℃，地温在20～25℃。

第四节　壮苗标准

　　培育适龄健壮的幼苗是育苗的目的。只有健壮的幼苗才能实现早熟、优质、丰产。壮苗的育成是与育苗中每项措施都是紧密相连的。因此，熟悉并掌握壮苗的标准，并根据幼苗的表现准确制定需要采取的每项管理措施，是育苗者不可缺少的知识。

　　香瓜壮苗标准主要有以下几个方面。

　　1. 苗龄

　　苗龄可分为绝对苗龄和生理苗龄。绝对苗龄又叫日历苗龄，是指幼苗的生长天数；生理苗龄是指幼苗的发育大小。在正常情况下，壮苗一般在35～40天能长出4片真叶，这样的生长速度可认为是适宜的，是正常苗龄。如果绝对苗龄大于生理苗龄，即幼苗生长天数多，而幼苗小，就是俗称的"僵苗"或"老化苗"。如果生理苗龄大于绝对苗龄，即生长天数少而幼苗大，则是俗称的"徒长苗"或"弱苗"。

　　2. 形态

　　健壮的幼苗表现为叶大而肥厚；叶片颜色浓绿而有光泽；下胚轴和茎基部节间短而粗；根系发达而色白；花器

官分化发育正常；无病虫害。

3. 组织及化学成分

壮苗体内厚角组织和木质部发达，因此，组织结构紧密而坚韧，植株表现茎叶挺直。而徒长苗体内组织疏松，茎叶容易萎蔫。就其体内化学成分而言，壮苗含干物质多，水分少。干物质主要包括糖、淀粉、纤维素等物质，还有含氮物质和各种矿物质。壮苗植株中含氮化合物较少，碳水化合物较多；而徒长苗与之相反。由于碳水化合物中的糖与淀粉能相互转化，能提高细胞液浓度，所以，壮苗的抗逆力强。而徒长苗因干物质含量少而水分多，抗逆力弱。

第四章 定植栽培及管理技术

第一节 香瓜春早熟栽培技术

香瓜春早熟栽培是在冬季或早春进行育苗，定植在保护地中，于晚春或初夏开始收获上市的一种栽培方式。该方式产量高，品质好，上市早，经济效益很高。

一、栽培时间

栽培时间因地区及利用的设施不同而不同。东北及华北地区在利用保温性能较好的日光温室栽培时，于12月下旬至1月上旬播种育苗，2月中旬定植，4月上旬即可上市。总的要求是，定植后，在保护设施中的地温应稳定在12℃以上，最低气温在10℃以上。绝对不能有霜冻出现。

二、定植前准备

1. 整地与施肥

香瓜根系发达，能从土壤中吸收大量营养，供植株生长发育，在正常生长情况下，对氮磷钾吸收的比例1：0.5：1.8。而整个生长期对氮磷钾的需求量也不一样，幼苗期对肥的需要不多，伸蔓期需氮磷较多，做瓜后需钾逐渐增多，果实膨大期达到高峰。配合氮肥增施磷钾肥，可使香瓜增产 7%～18%，含糖量增加 1%～1.7%，减少田间枯萎病发病率 8.1%～17.3%，因此在施肥时一定要科学配方施肥，首先施好底肥。

底肥施多少合适，需根据土壤肥力和农家肥的质量而定，一般的丰产经验是每亩施优质猪粪、鸡粪、羊粪4000～5000 千克（必须经过发酵腐熟之后再用），整地时均匀撒摊在土壤表面，然后用小型旋耕机旋地，深度为30～40 厘米，最好旋耕 2 次以上，以使土壤与有机肥充分混匀。因香瓜对氯敏感，在施肥时应注意不应施氯化钾肥料。钙素在香瓜糖的合成上起重要作用，缺钙瓜不但不甜，而且容易形成腐瓢失去食用价值，因此每亩增施过磷酸钙50～70 千克，最好和有机肥一同发酵后应用，效果更佳。

施肥后耧平畦面，作成宽高畦，畦面宽 90 厘米，畦高30 厘米。做好畦后铺设滴灌带，覆盖 120 厘米宽的地膜，以利增温保墒。

在盖地膜前进行，把除草药喷在畦面上即可。常采用的除草药剂有除草醚个敌草胺，喷施时按使用说明书使用，用除草剂一周后再栽苗，提前定植易产生药害，易出现畸形瓜。

2. 棚室消毒

在定植前 10～15 天清除上茬的残株和杂草，然后用硫磺粉进行一次熏蒸，每亩需要硫磺粉 1.5 千克，与锯木屑混合均匀，分成小堆，从里往外依次点燃。

注意熏蒸时温室，大棚要密闭，熏蒸一昼夜即可达到效果。熏蒸结束后，要大通风，待硫磺的气味散尽，即可定植。

三、定植时期

冬春茬栽培香瓜时,定植时间一般在 2 月上中旬左右,棚室气温稳定在 12℃以上,土壤温度稳定在 15℃以上方可定植,过早气温低、土温低,容易产生冻害,对香瓜发育极为不利。

定植前 20 ～ 25 天先把大棚膜扣好,将棚内的冻土层化开,定植前 5 ～ 7 天盖好地膜,提高地温。

四、定植及定植后的管理

日光温室栽培香瓜分地爬栽培(图 4-1)和吊蔓栽培(图 4-2)两种方式。

图 4-1 香瓜地爬栽培　　　图 4-2 香瓜吊蔓栽培

(一)地爬栽培

1. 定植方法

香瓜地爬定植时先用打眼器按株距 50 厘米左右打好穴,穴内可按比例施入预防枯萎病土壤杀菌剂药物和定植肥(每亩施磷酸二铵和硫酸钾各 15 千克,必须将肥和土拌匀,以防烧苗),然后将营养钵中瓜苗置于定植穴内,每穴定植瓜苗 1 ～ 2 株。

瓜苗移栽后要浇定植水，浇定植水因墒情而定，浇水多地温低缓苗慢，一般正常缓苗需要 7 ～ 8 天。

2. 定植至坐瓜前的管理

（1）温度管理：定植后的一周内，地温控制在 20℃左右，不应低于 15℃，气温白天控制在 27 ～ 30℃，夜间不低于 15℃。

冬春茬栽培在定植初期，遇寒冷天气可用热风炉鼓热风加温；秋茬栽培时，定植初期若遇高温天气，中午前后需外覆遮阳网遮阳降温，并采用地面喷水降温的方法，防止高温危害。

缓苗后到坐瓜前，白天气温保持在 28 ～ 30℃，最高不超过 33℃，可通过通风口的开放来调节，夜间气温以 18 ～ 20℃为宜，地温以 25℃左右为宜。

（2）湿度管理：土壤湿度在定植至缓苗期间，维持田间最大持水量的 70%～ 80%，定植 5 ～ 7 天后浇一次缓苗水，缓苗后至坐果维持田间最大持水量的 65%～ 70%。适宜的空气相对湿度白天为 60%，夜间最大为 80%。

（3）光照管理：冬春茬栽培香瓜时，定植后应尽量增强光照，在温度允许的条件下尽量早揭和晚盖外保温覆盖物，以延长光照时间，并通过经常擦拭透明塑料薄膜，在温室后墙张挂反光膜等措施来增强光照。

3. 结瓜期的管理

（1）温、湿度管理：开花授粉期和果实膨大期的温度，白天气温保持在 25 ～ 30℃，夜间 18℃。

空气相对湿度不应超过 70%，日光温室灌水应在晴天的上午进行，开花授粉坐果期不浇水，待植株大部分坐果后 7～8 天（膨瓜期），幼瓜鸡蛋大小时要浇 1 次透水，果实膨大期是香瓜一生中需水最多的时期，要求土壤水分充足，维持田间最大持水量的 80%～85%。果实停止膨大到收获期间要控制浇水，维持较低的土壤湿度。

（2）生长调节剂的应用：早春气温低，昆虫活动能力弱，香瓜受粉不良造成化瓜，棚室栽培昆虫难以进棚内传粉，更易出现化瓜。为此，必须使用"坐瓜灵"，不但可解决化瓜问题而且幼瓜生长速度快，并提早上市，产量、商品性也会有明显提高和改善。

①使用时间：利用"坐瓜灵"处理可在雌花开放当天或开花前 1～3 天内进行，处理时间较长，坐果率可达到 90%以上。

②使用方法：将"坐瓜灵"每克兑水 2000 毫升，充分摇匀，使其呈均匀的白色悬浮液，然后用微型喷雾器对着瓜胎逐个充分均匀喷施，也可采用毛笔浸蘸药液均匀涂抹整个瓜胎。

③注意事项：药液搅拌均匀后使用；随配随用；用药时间最好选在下午 4 时后，严禁在高温下用药；决不可重复喷，超浓度喷，过量喷，以防长成特大瓜和有苦味瓜。

（3）整蔓：在棚室早春栽培，苗期光照时间很难达到 10～12 小时，再加气温低，白天每天很难达到 25℃以上，因此对瓜雌花形成不利，常常出现雌花下移现象，即子蔓应出现的雌花下移到孙蔓上去甚至到孙孙蔓上去，为此必须严格整蔓。

苗期 4～5 片真叶定心，伸出 4～5 条子蔓，选其中三条做结瓜蔓，其他的摘除。子蔓在 1～2 片真叶坐的瓜最好摘去，留 4～5 片真叶部位结的瓜，这个部位结的瓜不但整齐，而且瓜大，很少有畸形瓜，商品性好。

坐住瓜后在前方留 2～3 片叶打尖，再出的孙蔓一律除掉，使其养分全部供给果实发育。如土质不肥或因灌不上水瓜秧发育不良，应保留一条孙蔓作营养蔓，以便多一些营养供给果实发育，孙蔓见瓜后再按上述子蔓管理。

每株秧以结 3～4 个瓜为好，最多不能超过 5 个，结瓜过多熟期拖后，瓜小而且不甜，每个瓜早熟品种应有 6 片功能叶，中熟品种 7～8 片功能叶制造营养才能满足所结瓜的营养要求。

另外，必须及时防病，保持叶龄 25～35 天旺盛的光合作用期。

（4）追肥：香瓜吸收矿质元素最旺盛的时期是从开花到果实停止膨大，前后约历时 1 个月。土壤肥力好，底肥充足，可不追肥；肥力较差，积肥不足，则需要适当肥。通常在果实膨大期承受不施速效磷钾肥，或含磷钾为主的氮磷钾复合肥（香瓜专用肥），每亩追施 15～20 千克。在底肥较充足的情况下，一般不追速效氮肥，在膨瓜期每 7 天进行一次叶面喷肥，以 0.3% 磷酸二氢钾等为主。在土壤微量元素缺乏的地区，还应针对缺素的状况，增加追肥的种类和数量，进行叶面喷肥。

在香瓜生产中禁止使用城市垃圾、污泥、工业废渣和未经无害化处理的有机肥。

（5）通风：通风换气可以调节大棚温度和补充二氧化碳。生长前期外界变化不定，以保温为主，尽量少放风口；中后期外界气温较高，要注意放风，以调节棚内湿、温度。

瓜进入成熟期，昼夜温差较大香瓜品质好，白天最好控制在30℃，晚上15～20℃，为增加昼夜温差，可采用夜间防风的方法。

4. 病虫害防治

香瓜主要病虫害有白粉病、枯萎病、霜霉病、炭疽病、病毒病、蚜虫、潜叶蝇、白粉虱等。按照"预防为主，综合防治"的植保方针，坚持以"农业防治，物理防治，生态防治为主，化学防治为辅"的无害化治理原则，具体方法见本书第五章。

（二）吊蔓栽培

棚室吊蔓香瓜栽培管理技术与棚室地爬香瓜管理在选种育苗、种子处理、嫁接方法、苗期管理、定植方法、温度、光照、水肥、通风、日常田间综合管理等基本相同。这里只重点介绍几点与地爬香瓜栽培管理不同的吊蔓栽培技术。

1. 定植前的准备与定植

（1）扣棚：定植前20～25天先把大棚膜扣好，将棚内的冻土层化开，并且地温还要达到12℃以上，才能定植。

春棚扣棚后如果要提前定植，常在棚内膜下吊1～3层内幕（膜内含有无滴剂的薄膜），内吊一层幕的，比不吊幕的能提早定植30～40天。棚内吊幕工作，扣棚后要马上进行，以提早升温。然后，及时将吊香瓜秧子的胶丝绳拴在香瓜定植垄上方的铅丝绳上，准备定植后吊秧用。

（2）消毒：定植前 5～7 天进行棚室消毒，方法同地爬棚消毒方法（注意消毒后放风排毒）。

（3）开沟、施肥、浇水：在做好的畦面上开 15 厘米深的浅沟，地力差的亩施三元复合肥 15～20 千克，地力好的可不施肥，为防地下害虫每亩可顺垄沟对水浇施 50% 辛硫磷溶液 1 千克，然后合垄再浇足水，待水下渗，定植前将畦面找平，准备定植。高畦栽培可有效地防止化肥烧苗和增加土壤的热容量，定植后发根、缓苗快、浇水后要注意白天升温和夜间的保温，封严棚门和各层棚膜，想办法创造适宜香瓜定植、生长的温、湿度环境。

（4）连作、重茬地块的土壤处理：如果是在同一块地上第二年再种香瓜，由于香瓜怕重茬和土壤盐渍化的危害，基肥的化肥用量要在原来的基础上，减少一半或 1/3，同时每亩施用美国亚联生物菌肥（1 号）2 瓶 +2 瓶激活液，兑水冲施，在降低化肥用量、节省生产成本的同时，生物菌肥在土壤里还能活化土壤，分解土壤中残留的养分，固定空气中游离的氮，供作物吸收利用，反季节生产还可提高地温 1～3℃，起到提高植株抗寒、抗病能力的作用。

（5）定植密度：定植密度要根据生产季节、地力水平以及品种的特性而定。由于冬季生产植株长势较弱，温室及简易温室可适当密植，早春大棚定植密度一般为每亩 2000 株，地力水平差的可提高到 2300 株。根据品种特性，植株长势旺的适宜稀植，长势弱的可以适当密植。

2. 吊蔓整枝

瓜苗定植后 5～7 叶时，用胶丝绳将主蔓吊好，并随着植株的不断生长，随时在吊线上缠绕。吊蔓整枝方法有以下两种：

（1）主蔓单秆吊蔓一次掐顶：就是将主蔓一直缠绕到接近吊蔓胶丝绳顶部时，一次性掐顶的方法。此方法适宜于植株不徒长，子蔓发育得好，生长正常香瓜秧的管理。该掐顶法，第一茬瓜比两次掐顶的膨瓜速度略慢，但第二、第三茬瓜坐瓜较早，植株不易发生老化现象。

（2）主蔓单秆吊蔓两次掐顶：首先在主蔓长至 13 片叶左右时为控制植株旺长，促其子蔓（侧蔓）早发、早结果、早膨果进行的第一次掐顶，然后再用顶部第一或第二叶叶腋生出的一个子蔓，作为龙头（主蔓），继续在胶丝绳上缠绕，其他子蔓留一片叶掐尖，待新龙头长至接近吊蔓胶丝绳的顶部时进行第二次掐顶。此方法的第一次掐顶，由于养分主要供给瓜胎的发育，上部节位的子蔓，就不能萌发，将导致地下部根系老化、植株早衰，直接影响第二、第三茬瓜的生产。

3. 留瓜

一般第四片真叶以下长出的侧蔓全部去掉，从第五至第十片真叶叶腋长出的子蔓（侧蔓）上留瓜，一个侧蔓留一个瓜，幼瓜后面留下一叶片后其他叶片与子蔓生长点一起去掉。

留瓜子蔓（侧蔓）的位置，要根据植株根量（长势强弱）来确定坐果节位的高低和坐果数量。如果定植后瓜秧根量少、长势弱，坐果节位需要高一些，待长势旺盛一些后再留子蔓和瓜，或少留瓜。整理子蔓时，长势弱的，坐瓜节位以下的子蔓（侧蔓），可以适当晚去掉或留一子蔓，可防止根的老化。瓜秧掐掉生长点一般是主蔓长至 25 ~ 30 片真叶接近吊瓜秧胶丝绳的高度时，去掉生长点，以促瓜控秧。一般腰节第 11 ~ 20 节位不留瓜，但生出的侧蔓可留 1 片叶掐尖。

在子蔓（侧蔓）、孙蔓（子蔓上生出的蔓）的管理上，每茬坐瓜后，可将空蔓用剪刀剪掉，以防子蔓太多，瓜秧长势太乱，影响通风透光。如果发生病害，叶片光合作用面积不够，可适当留些子蔓，长出新叶，作为功能叶片，补充光合作用叶片面积的不足。

（1）瓜茬数与留瓜数量：第一茬瓜可用药剂喷花和处理瓜胎 5 ~ 6 个，留瓜 3 ~ 4 个，待第一茬瓜坐住并膨大时，上部节位生出的子蔓瓜胎容易坐瓜时，可进行人工处理第二茬瓜胎，第二茬处理瓜胎 3 ~ 5 个，留 2 ~ 3 个。第三茬一般在孙蔓上处理瓜胎 3 ~ 5 个，留瓜 2 ~ 3 个。

（2）保瓜：吊蔓香瓜栽培，一般开花坐果期很难满足其对环境条件的要求，坐瓜比较困难，所以对瓜胎必须采取激素（生长调节剂）处理的方法，作为保瓜措施介绍如下。

①花前喷雾法：可采用"坐瓜灵"喷瓜胎（参照说明书使用）。当第一个瓜胎开花前一天用小喷雾器从瓜胎顶部连花及瓜胎定向喷雾。注意最好用手掌挡住瓜柄及叶片，以防瓜柄变粗、叶片畸形。喷瓜胎时，一般一次性处理花

前瓜胎2～3个（豆粒大小的瓜胎经处理均能坐住），这样一次性处理多个瓜胎，坐瓜齐，个头均匀一致。为防止重复处理瓜胎而出现裂瓜、苦瓜、畸形瓜现象，可在药液中加入含有色素的2.5%适乐时悬浮剂，这样既防止了早期灰霉病的侵染，又做了喷花标记。此法较简单，易操作。但是，如果瓜胎受药不均时，易导致偏脸瓜的发生。

②浸泡法：也是采用0.1%的吡效隆系列产品，用同样的药液浓度和同样瓜胎生育期，将瓜胎垂直浸入配好的激素药液里，深度达到瓜胎的2/3即可。如果浸入过深，接近瓜柄，会导致瓜柄变粗，影响商品佳。

③喷花处理法：这种方法就是在香瓜开花后的当天或第二天，用小型喷雾器将药液直接喷向柱头的。喷花的时间要掌握在上午10点以前，或下午3点以后，在高温时间段处理，会因药液浓度过高，引起裂瓜和苦味瓜的形成。常采用的药剂为2.4-D，施用浓度一般为10～20毫米／千克（参照说明书使用）。为提高坐瓜率，最好根据棚温的高低，做好试验后再大面积应用。

（3）疏瓜：疏瓜时间应选择在大多数瓜胎长至核桃到鸡蛋大小时，进行1～2次疏瓜。根据植株的长势和单株上下瓜胎大小的排列顺序、瓜胎生长正常程度进行，疏掉畸形瓜、裂瓜及个头过大、过小的幼瓜。保留个头大小一致、瓜形周正的幼瓜。一般第一茬瓜留3～4个，第二、第三茬瓜留2～3个。

疏瓜时，要在膨瓜肥水施用后、坐瓜稳定、植株没有徒长现象时进行，这样能够有效地防止疏瓜后植株徒长，而导致化瓜现象的发生，确保第一茬瓜的适宜上市期，并获得高效益。

　　4. 采收

　　由于使用"坐瓜灵"后，果实生长速度明显加快，果实很快就长到商品瓜大小，而且香瓜食用时一般不削果皮，苦味苷等苦味物质常存于果皮及果柄附近，故使用"坐瓜灵"后一定要等果实完全成熟后采收，使内在物质充分转化，否则可能造成品质不佳，风味降低甚至有的品种会产生苦味等问题。

第二节　香瓜秋延迟栽培

　　香瓜秋延迟栽培是指利用日光温室在秋季延长香瓜生长期的一种栽培形式。这种栽培形式上市期正值香瓜供应淡季，各大中城市远郊及周边香瓜集中产区可因地制宜，适当发展。

一、栽培时间

　　东北及华北地区利用塑料大棚、中棚、小棚栽培时，于7月中、下旬播种育苗，8月中下旬定植，10月上中旬收获；利用塑料小、中棚加草苫覆盖时，于7月下旬至8月上旬播种，11月上至下旬收获；利用日光温室，于9月中下旬至10月上旬播种，1月中下旬收获。

二、定植前准备

1. 品种选择

在秋延迟栽培中，苗期正值炎夏，光照强，温度过高，雨量多，病害严重。10～11 月份果实正处于膨大期及成熟期，此时气温下降，天气日渐寒冷。而香瓜在膨大期和成熟期要求较高的温度、较强的光照和较大的昼夜温差。因此，栽培香瓜有一定难度，管理不当会造成苗期多病，后期果实畸形，着色不良，导致减产或绝产。根据这种情况，应选用抗病性强、生育期短、成熟快的品种；或选用中熟、抗病性好、后期耐低温兼耐贮性的品种。

2. 苗床准备

秋延迟香瓜生育前期一般只在大棚拱架下覆盖遮阳网或尼龙纱网，而不覆盖塑料薄膜。由于 8～9 月份雨水偏多，为了防止雨涝，除注意选择地势高燥、土质肥沃、排灌方便的地块外，还必须采用起垄或高畦栽培。栽培畦式主要有以下两种。

（1）小高垄适于单行栽培，一般垄高 15～20 厘米，垄底宽 50 厘米，垄面宽 30 厘米，垄沟宽 50 厘米。

（2）高畦：适于大小行栽培。畦高 15～20 厘米，底宽 90 厘米，上宽 80 厘米，每畦种 2 行香瓜，小行距 55～60 厘米，大行距 1.3 米。

3. 土壤消毒

秋延迟栽培的香瓜适逢各种病虫害的多发期，如枯萎病、炭疽病、疫病、病毒病等极易发生和流行。其中枯萎病为土壤传播的病害，一旦发病，地上部防治很难奏效，最简便、有效的办法是进行土壤消毒。

土壤消毒在定植前进行，也可结合土壤耕翻进行。前茬为大棚作物的，在前茬收获后，进行浅耕，灌水闷棚7～10天，利用太阳能消毒杀死虫卵和病菌。为了减少盖膜或揭膜的麻烦，生产中利用药物消毒效果更好。土壤消毒常用的药剂有50%的福美双可湿性粉剂，每亩瓜田撒施1千克左右，可掺入草木灰或干细土，以撒施均匀；50%多菌灵可湿性粉剂400～600倍液或70%甲基托布津600倍液喷洒瓜田土壤，也可以重点喷洒垄沟、种植行等。

4. 施基肥

秋延迟栽培的香瓜前期生长快，生育期较短，对肥料要求集中，因此应施足基肥，且基肥以速效肥料为主，氮磷钾适当配合，足量供应。

（1）施肥数量：每亩施腐熟的鸡粪1000千克、硫酸钾复合肥40～50千克或腐熟饼肥150千克、过磷酸钙40～50千克、硫酸钾30千克或磷酸二铵40千克。

（2）施肥方法：作畦前将种植行表土深翻一锹（深约20厘米），将肥料集中施入，回填表土，将肥、土混匀，然后整成高垄或高畦。

5. 种子处理

为了减少种子带菌，播前应进行种子处理，具体的处理方法见前述方法。

6. 播种

80%以上的种子"露白"后播种，每钵播1粒有芽的种子，尚未出芽的种子每钵可播2～3粒，播后覆盖细土，厚度为 1～1.5 厘米。

三、定植时期

　　夏季育苗，幼苗生长快，定植适宜苗龄为日历苗龄
16～20 天，生理苗龄二叶一心或三叶一心时为宜。

　　北方地区定植时间一般在 8 月中下旬。这段时间北方
地区天气多变，总的趋势是雨量大，阴雨天多，有时则会
出现雨后骤晴、强光暴晒的天气。定植过早，幼苗易遭受
病虫为害，同时也易高温徒长，难以坐果和取得高产；定
植过晚，苗子大，移栽时伤根重，缓苗期长，加之后期温
度渐低，生育速度减缓，果实往往成熟不好，品质差。

四、定植及定植后的管理

　　1. 覆膜

　　8 月份雨水较多，容易造成土壤养分的大量流失，形成
土壤表层板结、通透性不良，同时也会导致各种病虫害的
严重发生，对香瓜的生长发育极为不利。因此，秋延迟香
瓜在定植后，要及时覆盖地膜进行保护。瓜苗移栽定植时，
株距为 50 厘米，定植后随即浇足定植水，并用土封严定植穴，
然后覆盖银灰色地膜。覆盖时在瓜苗上方用刀片划破薄膜
取出瓜苗，将瓜苗四周及瓜畦（垄）两侧用土压实，使地
膜紧贴畦面，以免烫苗。

　　为了减弱光强，适当降温和预防蚜虫为害，定植当天
应立即在大棚拱架上覆以黑色遮阳网，也可用银灰色或白
色的尼龙纱网。

2. 整枝

秋延迟香瓜一般采用双蔓或三蔓整枝。北方地区秋延迟栽培因后期降温快，有效生育期短，为保证果实正常成熟，一般采用双蔓整枝，单株留单果；长江以南地区，秋季有效生育时间较长，可充分利用季节，提高产量，一般采用三蔓整枝，每株留 2 个果。

双蔓整枝时，只保留主蔓和主蔓基部一健壮侧蔓，其余侧蔓全部去掉；三蔓整枝时，可保留主蔓和主蔓基部 2 条健壮侧蔓，秋延迟香瓜植株生长前期，正处在高温高湿的条件下，植株茎叶生长旺盛，易发生徒长，侧枝大量萌生。因此，应严格整枝，将主蔓和所保留的侧蔓叶腋内萌发的枝杈及时打掉，保持适宜的群体营养面积，以控制植株营养牛长，保证坐果。秋延迟栽培后期，也就是幼瓜坐住到果实成熟期，气温开始下降，昼夜温差加大，光照减弱，植株徒长的可能性很小，但管理不当，容易出现早衰现象。

此期应尽量保持较大的营养面积，坐果后一般不再整枝，保留叶腋内长出的所有枝杈，为防止茎叶过分荫蔽和与果实争夺养分，新长的侧枝可待长出 3～5 片叶时打顶。这样既可以减少各种病虫害的发生，又能防止植株早衰，提高光合生产率，使养分集中向果实运输，促进果实膨大。

3. 整枝、上架、授粉留瓜

参见早春的整枝、上架、授粉留瓜方法。

4. 追肥

秋延迟香瓜需肥量较小，加之秋延迟栽培时生育期较短，在施足基肥的基础上，后期追肥较少，一般只在膨瓜期轻追硫酸钾和尿素或三元素复合肥，结果后期采用叶面喷肥的方式补充养分。

追肥在幼果坐稳后长至鸡蛋大小时，视植株长势情况，每亩施硫酸钾 10 ～ 15 千克、尿素 10 ～ 15 千克，或三元素复合肥 15 ～ 20 千克。此后每隔 5 ～ 7 天叶面喷肥 1 次，可喷叶面宝、福乐定等专用叶面肥，也可喷 0.2% ～ 0.3% 的磷酸二氢钾剂以提高品质，促进早熟。

5. 浇水

秋延迟香瓜生长期间常遇高温干旱，而植株蒸腾量大，为减少高温干旱的影响，应注意及时灌溉，特别是在雌花开放前后和果实膨大期，对水分反应十分敏感，如果缺水，则秧蔓先端嫩叶变细，叶色变为灰绿色，在中午观察时，植株叶片，萎蔫下垂。开花坐果期缺水，则果实发育受阻，产量低，品质差。因此，应根据天气情况和植株长相，适时补充浇水，保证植株健壮生长。前期温度较高时，浇水宜在早晨和傍晚进行，浇水量以高垄（畦）面 5 ～ 8 厘米为宜，浇后多余的水立即排除，以保持畦面干燥，切忌大水漫灌。进入果实膨大期后气温渐低，浇水宜在上午 9 ～ 11时进行，水量不宜过大，可以顺垄沟小水勤浇。

8、9 月份除有干旱外，有时会骤降大雨，造成雨涝，因前期大棚尚未扣薄膜，因此，雨后应及时排水防涝，使田间积水时间不超过 10 小时，下过热雨后，如果有条件，可马上用清凉的地下水进行"涝浇园"，以降低地温并为植株根际补充氧气。

6. 覆膜增温

秋延迟香瓜进入结果期后，气温逐渐下降，华北地区一般 9 月下旬外界气温降至 20℃ 以下，不利于香瓜果实的膨大和内部糖分的积累，此时大棚应及时扣膜增温。

覆盖前期，晴天上午外界气温升至 25℃ 以上时，将大棚两肩部通风口扒开进行通风，下午 4 点左右关闭通风口。随着外界气温下降，后期只在晴天中午短时小通风，直至昼夜不通风，保持较高的温度，促进果实成熟。

7. 防病治虫

秋延迟栽培的香瓜正处在非常不良的气候条件下，最容易遭受各种病虫危害。前期如遇高温干旱极易感染病毒病，植株茎叶生长畸形，失去坐果能力；而在高温高湿的情况下则易感染真菌性的病害，如白粉病、霜霉病等，降低叶片的光合功能；多雨、阵风天气容易感染炭疽病、叶枯病及绵腐病，同时也容易发生蚜虫、红蜘蛛等害虫。具体预防防治方法见第五章。

8. 采收

秋延迟栽培的香瓜到达商品成熟时，应及时收获。在正常的气候条件和管理水平下，一般定植后 45 ～ 50 天即可收获，根据播种时间的早晚，大体在 10 月上中旬。

第三节　无公害香瓜产品的控制

随着人们生活水平的不断提高，无公害产品成为市场需求的必然，香瓜无公害栽培是一项符合现代人民健康需要的新技术，要使产品达到安全、优质、营养的预期标准，必须做到栽培技术规范化，最大限度地降低产品中农药、亚硝酸盐、重金属、激素类药物以及有害生物残留，符合国家卫生质量标准。

一、香瓜污染的原因

1. 农药污染

香瓜病虫害防治技术比一般农作物复杂，因此，广大瓜农为了取得显著的防治效果，往往利用高毒农药，加大用量等措施来进行防治。其结果是香瓜产品中农药的残毒量严重超标，造成了污染。

2. 化肥污染

化肥污染是种植者为了追求高产过量施用化肥引起的。当氮素化肥施用过量后，引起香瓜中硝酸盐含量超标。研究表明，过量的硝酸盐可在人体内还原成亚硝酸盐，亚硝酸盐可引起高铁血蛋白症，并有致癌作用。一般磷肥中含有镉，施磷肥过量，镉也会污染蔬菜，造成人体中毒。

3. 环境污染

环境污染主要包括工业排出的废水、废气、废渣污染和病原微生物造成的污染两大类。工业生产排出的二氧化碳、氟化氢、氯气等废气，可直接危害香瓜的生长发育，使叶片受到损伤。工业排出的废水中，含有多种有毒物质和重金属元素，这些废水混入灌溉水中，不仅污染了水源，也污染了土壤。工业生产排出的废渣包括有毒物质、重金属元素等，这些废渣混入肥料中，施入土壤，也造成对蔬菜生物发育直接或间接的危害，并对人体健康起一定不良影响。

病原微生物的污染，除施用未发酵或未进行无公害化处理的有机肥、垃圾粪便、植物残体等带有病原菌造成污染外，还有未处理的工业、医药、生活污水等携带的大量病菌、寄生虫等，这些生物与蔬菜接触也会造成污染。

4. 微量元素污染

在土壤中，微量元素含量分布很不均衡。我国很多地区缺乏不同的微量元素，施用微量元素肥料具有一定的增产作用。因此很多地方不进行土壤化验，而盲目全面地普施微肥或施用过量，导致土壤中微量元素过量而产生毒害。

另外，近年来大量开发矿山，由于缺乏环保知识，大量的废水排入河流，造成部分地区微量元素严重超标，导致了多起毒大米、毒蔬菜事件的发生。

5. 栽培方式引起的污染

在保护地生产中，环境条件稳定，适于多数病虫害发生。因而，保护地中施用农药次数和量大增，导致保护地栽培出的香瓜产品农药污染严重。

另外，在香瓜产品在运输、销售过程中遭受的污染也不容忽视。运销过程中，香瓜堆放在不洁之处，遭受有害微生物的污染；运销过程中，不良的环境条件造成的腐烂污染；不洁，有毒的包装材料造成的污染等。

二、无公害花生产品的防止原则

进行无公害香瓜生产，首先要了解目前周围的环境状态，然后通过化验分析，才能确定是否进行生产。

1. 选择无污染的生态环境

进行香瓜栽培，必须避免工业"三废"的污染。生产地的环境是无公害蔬菜生产的基础。蔬菜地的土壤、水质等要素都应达到国家规定的标准。

（1）无公害食品香瓜产地土壤质量要求：应符合 pH ＜ 6.5 时，铅 ≤ 250 毫克／千克、镉 ≤ 0.30 毫克／千克、汞 ≤ 0.30 毫克／千克、砷 ≤ 40 毫克／千克、铬 ≤ 150 毫克／千克；pH 值在 6.5 ～ 7.5 时，铅 ≤ 300 毫克／千克、镉 ≤ 0.30 毫克／千克、汞 ≤ 0.50 毫克／千克、砷 ≤ 30 毫克／千克、铬 ≤ 200 毫克／千克；pH ＞ 7.5 时，铅 ≤ 350 毫克／千克、镉 ≤ 0.60 毫克／千克、汞 ≤ 1.0 毫克／千克、砷 ≤ 25 毫克／千克、铬 ≤ 250 毫克／千克。

（2）无公害食品香瓜产地灌溉水质量指标：应符合 pH 值在 5.5 ～ 8.5，总铅 ≤ 0.1 毫克／升、总镉 ≤ 0.005 毫克／升、总汞 ≤ 0.001 毫克／升、总砷 ≤ 0.1 毫克／升、铬（六价）≤ 3.0 毫克／升、氟化物 ≤ 0.5 毫克／升、氯化物 ≤ 250 毫克／升。

（3）无公害食品香瓜产地空气环境质量指标：应符合总悬浮物浓度日平均 0.3 毫克／立方米，二氧化硫浓度日平均 0.15 毫克／立方米、1 小时平均 0.50 毫克／立方米，氮氧化物浓度日平均 0.10 毫克／立方米、1 小时平均 0.15 毫克／立方米，氟化物浓度日平均 10 微克／（平方分米·天）。

2. 选择适宜的种植地

对于无公害香瓜的生产基地，有严格标准要求。

（1）种植地必须选择在生态环境良好、无或不直接受工业"三废"及农业、城镇生活、医疗废弃物污染的农业生产区域。

（2）种植地要远离公路、车站、机场、码头等交通要道，以免对空气、土地、灌溉水的污染，产地离主干路100米以上。

（3）种植地区域或上风向灌溉水源上游没有对产地环境构成威胁的污染源，包括工业"三废"、农业废弃物、医院污水及废弃物、城市垃圾和生活污水等污染源。

（4）农田土壤重金属背景值高的地区以及与土壤水源有关的地方病高发区，如含有重金属元素超标等，也不宜进行香瓜生产。

（5）选择地势平坦、土壤结构适宜、理化性状好，土层深30厘米以上的轻壤或砂壤地，地力中等以上，旱能浇、涝能排，不内涝，不高燥的生茬地或轮作倒茬地块。

3. 防止生产性污染

生产性污染主要是指农药和施肥不当引起的香瓜污染。要防止这类污染，必须严格按照各级有关部门制定的生产操作规程进行生产。

（1）农业防治：农业防治是利用农业栽培技术，来防治病虫害的发生与危害的方法。常用的措施有以下几种。

①积极引进抗病虫害的香瓜良种：抗病虫害的良种对某些病虫害有一定抗性，其发生轻微，可不用防治，或防治工作减少。

②调节播种期：适当调节播种栽培期，可避开病虫害的发生高峰，减轻危害，减少施药次数，减轻香瓜污染。

③种子处理：播前行种子处理，一可消灭种子携带的病菌；二可促进发芽或提高种子的抗逆性，使幼苗生长健壮，增强抗病能力。

④合理地轮作：利用作物间抗病虫力的不同和病虫害种类不同，合理轮作，可以减轻病虫害的发生。有的土传病害，如香瓜枯萎病，通过轮作可以完全杜绝其发生。

⑤深耕、冬耕：春季浅翻或深耕，可消灭部分菌核病菌，减轻菌核病的危害。冬季深耕可消灭多量的越冬害虫。

⑥垄作：有利于排水，提高地温，降低土壤温度。并能减少流水传播病害。

⑦合理密植、加强通风：合理密植能改善通风透光条件，防止某些病虫害的发生。保护地加强通风可降低空气湿度，防治多种真菌和细菌病害的发生蔓延。

⑧嫁接育苗：香瓜利用黑籽南瓜作砧木嫁接育苗，可防止枯萎病的发生。

⑨提高棚膜的透光率：冬春茬栽培香瓜，在青苗期间及定植到田间后，要尽量增强光照，在温度允许条件下尽量早揭和晚覆盖外保温覆盖物，以延长光照时间，并通过经常擦拭透明塑料薄膜，在温室后墙张挂反光膜等措施来增强光照，促进香瓜植株健康成长，增强抗逆性。

⑩清洁田园，加强水肥管理：及时清洁田园，可减少田间病虫害生物密度。加强水肥管理可提高植株抗性，均有减轻病虫害的作用。

（2）物理防治：在围裙膜上部通风口处设置防虫网，进行防虫栽培。地面铺设灰灰色地膜驱避蚜虫。利用性诱杀剂、黄板可诱杀害虫，在日光温室内离香瓜冠层上方 15 厘米左右，延温室延长方向纵向悬挂两排黄板或性诱杀剂，可诱杀蚜虫、白粉虱、潜叶蝇等害虫。物理防治法防治蔬菜病虫有一定效果，且不污染环境。

（3）生物防治：生物防治是利用有益的生物消灭有害生物的病虫害防治措施。生物防治包括以虫治虫、以菌治虫，以病毒治虫、以菌治菌、以病毒治病毒等。目前生物农药很多，如 B.t 乳剂、浏阳素乳油、农抗 120 等。这些农药有一定的杀虫、杀菌力，且基本不污染环境。

利用很多化学物质，如诱导剂、增抗剂、刺激素等，促进香瓜植株旺盛生长，提高抗病虫力，从而减轻病虫害的危害。在病毒病防治中，常用的 912 钝化剂，即是控制病毒入侵植株的化学物质。这类化学物质不仅防治病虫，还有增产作用，对环境、香瓜的污染较轻。

（4）化学防治：在香瓜病虫害防治中，使用化学药剂应严格遵循如下原则。

①对症下药，防止污染：各种农药都有自己的防治范围和对象，只有对症下药，才会事半功倍。在香瓜病虫害防治中，应严格遵照农业部的有关规定，禁止施用剧毒、高毒、高残留和有三致（致癌、致畸、致突变）作用的农药，主要有甲拌磷、治螟磷、甲基对硫磷、对硫磷、内吸磷、久效磷、杀螟威、甲胺磷、异丙磷、三硫磷、甲在硫环磷、甲基异柳磷、氧化乐果、磷胺、磷化锌、磷化铝、特丁硫磷、克百威、涕灭威、灭线磷、硫环磷、蝇毒磷、地虫硫磷、氯化唑磷、苯线磷、氰化物、克百威，氟乙酰胺、砒霜、

杀虫脒、西力生、赛力散、溃疡净、氯化苦、五氯酚、二溴氯丙烷。401、六六六、滴滴涕、氯丹、毒杀芬、二溴乙烷、除草醚、艾氏剂、狄氏剂、汞制剂、砷类、铅类、敌枯双、甘氟、毒鼠强、氟乙酸钠、毒鼠硅等。

②时机适宜，及时用药：适宜的用农药时间主要从两方面考虑，一是有利于施药的气象条件；二是病、虫生物生长发育中的抗药薄弱环节时期。此期用药，有利于大量有效地杀伤病虫生物。当然施药时间还应考虑药效残毒对人的影响，必须在产品低污染、微公害的时期施药。

③浓度适宜，次数适当：施农药次数不是越多越好，量不是越大越好。否则不但浪费了农药，提高了成本，而且加速了病、虫生物抗药性的形成，加剧了污染、公害的发生。在病虫害防治中，应严格按照规定，控制用量和次数来进行。

④适宜的农药剂型，正确的施药方法：尽量采用药剂处理种子和土壤，防止种子带菌和土传病虫害。保护地内可多采用熏蒸的方法。在干旱山区可采用油剂进行超低容量喷雾。喷药应周到、细致。高温干燥天气应适当降低浓度。

⑤合理混用，提高药效：在防治病虫害时，采用两种或两种以上可混用的农药混用施药，可减少施药次数，提高防治效果，扩大防治范围，增强杀虫、菌的作用。

⑥交替施用，提高防效：用两种以上防治对象相同或基本相同的农药交替使用，可以提高防治效果，延缓对某一种农药的抗性。

（5）改进施肥技术：施用化肥比施用有机肥的香瓜硝

酸盐含量高，单施速效氮肥又比氮钾及氮磷钾配合施用的香瓜硝酸盐含量高。因此，生产无公害香瓜可采用以下技术：

①增施有机肥：施用有机肥，特别是施用腐熟的，用酵素菌沤制的有机肥，可大大降低香瓜中的硝酸盐含量。

②施用长效化肥：近年来研制成功的涂层尿素、长效碳铵、控制缓释肥料等化肥，有在土壤中不易淋失，肥效长远的特点。施用这些化肥可避免了浪费，提高了利用率，减少施用量。从而降低对香瓜的硝酸盐污染。近年来提倡施用长效碳铵、控制缓释肥料、根瘤菌肥、惠满丰、促丰宝等高科技化肥。

③生物肥和化肥混用：瓜田长期施用化肥，使微生物大大减少。因此，在机质的消化、分解受阻，营养元素易流失，降低了土壤资源利用率。在这种情况下，施用生物肥料有纠正这种不良现象的作用。目前应用的生物肥料有硅酸盐细菌生物钾肥、惠满丰、促丰宝等，内含多种氨基酸、微量元素及植物化学成分和微生物代谢物，具有很强的作物综合生化调控能力和迅速补充养分的功能，且对降低香瓜硝酸盐含量有显著的作用。

④配方施肥：目前生产中提倡配方施肥，即根据土壤中的营养成分，根据不同香瓜生长发育周期所需的营养元素量，合理适当地补充有机肥和化肥。配方施肥既能保证丰产丰收，又不会施肥过量造成硝酸盐污染。

4.加强贮运管理，减少流通中的污染

香瓜收获后，一直到消费者手中，中间要经过运输、贮藏、装卸等多道环节。这些环节中，任何的不良环境都会污染香瓜。运输、贮藏环境的高温、多湿会造成腐烂变质；贮藏环境中有污染物，如有毒垃圾、病原菌、寄生虫卵等均会污染香瓜。贮运时施用的防腐剂，如使用过量也会引起污染。因此，在贮运过程中也要像生产过程中一样，严格选择低毒、低残留的农药；按照规定的浓度和用量；避免环境、包装用具等污染香瓜。

第四节　采收与运输

香瓜是供人们生食的新鲜果品，要求有足够的成熟度。过早采收，果实含糖量低，香味不足，且具苦味；采收过晚，果肉组织胶质离解，细胞组织变成绵软，风味不佳，降低食用价值。

一、采收标准

外运销售的瓜应在完全成熟 3 ～ 4 天，即八九成熟时采收。就近销售的可在香瓜充分成熟时采收。

1. 采收标准

鉴别果实成熟度通常采用以下 4 种方法。

（1）计算坐瓜日数：早熟品种以开花到成熟需 25 天左右，中熟品种需 30 天左右，晚熟品种需 40 天左右。记录雌花开放的日期，到天数就可以收获。

（2）观察瓜面特征：瓜的表面由有绒毛到无绒毛，果皮呈现出该品种特有的颜色，光滑发亮即可判断成熟。

（3）有香味：有香气的品种，果实成熟时香气开始产生，成熟越充分，香气越浓。

（4）果实硬度：成熟果实果皮有一定弹性，尤其是花脐部分，用手指压感到有弹性，用手指弹有沉浊声。

2. 注意事项

香瓜皮薄易碰伤，肉薄、水多、瓤大，容易倒瓤，不耐贮运，采收和销售过程都要注意轻拿轻放。采摘时用剪刀，最好在上午露水稍干后下田采收，避免在烈日下暴晒。

二、包装与运输

1. 包装

采收时宜选果实温度低之清晨进行为宜，采后放阴凉场所，避免重叠，待果温和呼吸作用下降后再进行分级包装和装箱（图4-3）。

图4-3　装箱

采收时果梗要剪成 T 形，果实贴上标纸，用包装纸包裹或塑料网果套包装，单层纸箱装箱，纸箱外设通气孔，内衬垫碎纸屑，切勿使果实在器内摇动为原则，一般有后熟作用，要求在 1 ～ 2 天内销售，以保持新鲜的品质。

2. 运输

香瓜果实不耐运输，在运转过程中易受震、受创、受挤、受压和搓伤，这些都会造成损耗的增加，从而加大成本。因此香瓜装运中应注意以下问题。

（1）长途运输的香瓜，在采收前一周要严格禁止浇水，采收时间尽量选在傍晚，采收后在田间堆凉散热后再包装和装运为宜。

（2）包装的衬垫物一般视运输距离和工具而定。普通农用三轮车、拖拉机短途运输的香瓜多不用包装，或简单包装一下即可，但车底和四周应垫以稻草等物，以免碰伤。

（3）不论是散装还是箱装香瓜，装卸车都要轻拿轻放。

（4）汽车运输时要慢行稳行，不要急速起车或急速刹车。

（5）运输过程尽可能减少装卸次数。最好是一次周转能由产区直接送到销区市场或直销客户。

第五章 香瓜病虫害及其防治

香瓜的病虫害种类比一般蔬菜要多，在大棚、温室等保护地生产中，由于气候条件适宜，越冬方便，多种病害的发生比露地更为严重。目前北方大棚、温室冬、春季栽培的香瓜，由于连作、传播等问题，病虫害发生越来越严重，因此，推广香瓜无公害病虫害防治，是需要加强的工作。

第一节 香瓜病虫害发生的原因

在大棚、温室内必须有一定数量的病原物、发病的适宜温湿度和易感病的香瓜植株三个条件，病害才能发生和流行。

1. 病原物

香瓜发病即植株受病原物的侵害，所以病原物的存在是发病的先决条件。病原物主要包括真菌、细菌和病毒。这些病菌都附着或寄生在一定物体上，待条件适宜时，经过一定途径传播到植株上，即发病为害。病菌存在的地方主要有：

（1）种子：种子是香瓜细菌性角斑病、炭疽病、黑星病、菌核病、蔓枯病等多种病菌越冬、越夏的场所之一。种子带菌传播病害是长途传播的主要方式，也是近距离传播的重要方式。种子上携带的病菌，有的是寄生在种皮内，有的附着在种皮上，有的是混在种子中间。由于种子的数量少，病菌较集中，所以消灭它们较方便、容易。但是，多数菜农不重视这一工作。所以，种子带菌仍是病害传播的主要方式之一。

（2）苗床带菌：秧苗带菌主要是育苗环境感染造成的。出于管理方便、土质肥沃的需要，香瓜的育苗场地一般变化迁移不大。这就使育苗床往往多年不动，固定在一处成为老育苗床。老育苗床土多年连作的结果是病菌积累很多。有的苗床从瓜类作物种植地块内取的土；或是施用的带病菌而又未腐熟的有机肥，都会使苗床带菌。苗床带病菌是秧苗受病害染的主要原因。

（3）秧苗带菌：在分苗和定植时，没有经过严格地挑选、淘汰病苗；没有集中进行喷药、浸根等防治病害措施；定植后不及时检查，发现和拔除病株。这都会使带病菌的秧苗在田间生长，发展成为发病的中心。

（4）病株残体、杂草、未腐熟的有机肥带菌：病株残体是细菌性角斑病、炭疽病、灰霉病、蔓枯病等多种病害病原菌的越冬、越夏场所。香瓜收获后，拔秧不及时，残根、秧、叶、果实未清理干净，未深埋或烧毁，大量的病原菌在田间，一旦条件适宜就会再染香瓜致病。利用带有病原菌的有机肥，如不腐熟，病菌仍会侵染植株。枯萎病、疫病就可以通过有机肥进行侵染。田间很多杂草是多种病毒寄生和越冬的场所。如不及时铲除、烧毁或深埋，也会传播病毒病等病害。

　　（5）土壤带菌：很多病菌，如枯萎病、菌核病、疫病等病菌，可在土壤中腐生存活多年。所以土壤带菌也是香瓜发病的重要原因。多数土壤中含有多种致病病菌，但由于浓度、数量不足，不一定会发病。在多年重茬，连作的大棚、温室中，病原菌越积累越多，因此，发病严重。

　　（6）空气带菌：霜霉病等病菌孢子，可以随空气流长距离飞散传播。在发病期，空气带有大量的病菌，一旦条件适宜，即可浸染发病。在病害防治时，防止气流传播也是很重要的一项措施。

　　（7）灌溉水带菌：除了井水以外的河水、渠水等灌溉水中，也都含有多种病原菌，利用这种水浇灌香瓜，亦会导致病害的发生。水中含有的病原菌，一般是从带菌的土壤，病株残体上冲刷上去的，只要注意灌溉水不流经带菌的土壤，或病株残体即可减少带菌。

　　（8）大棚、温室设施、架材等带菌：很多病菌可以附着在大棚、温室等设施的骨架、棚膜、墙壁上。香瓜生长时立的竹竿、支架上也可附着病菌。这些病菌也会成为病害的浸染源。

　　（9）农具带菌：在管理中使用的锄、锹等农具，在带病的土壤中操作后可带菌，后在无病区应用也可传播病害。

　　（10）人体带菌：烟草花叶病毒存居在纸烟上，抽烟的人手上就带有病毒。接触过病株的人也带有病毒，当再接触健株时也会传播病毒病。

　　2.适宜的发病条件

　　不同的病害发生、流行、浸染均需要一定的环境条件。

环境条件中以温、湿度为最主要。除病毒病等少数病害发病需在高温、干旱的条件下，大多数病害适于在温和、高湿的条件下，尤其是在叶片吐水或结露的情况下容易发生。这是因为大多数真菌孢子的萌发、菌丝的发育离不开水分的缘故。当然，不同的病菌适应的空气相对湿度不同。其中枯萎病、黑星病、灰霉病需要空气相对湿度在90%以上；霜霉病、炭疽病、菌核病、蔓枯病需要空气相对湿度在80%以上。需要空气湿度较低的细菌性角斑病也需在70%以上。

香瓜的多种病害发生的适宜温度为20～30℃，菌核病和灰霉病发生的温度稍低，为15～23℃。这些病菌发生的适温，均在香瓜生长发育所需的温度范围里。由此可见，只要香瓜生长发育，病菌也就一定跟着发生、发展，病害是很难避免的。

大棚、温室中，温度条件比较适于香瓜的生长发育，自然也适于多种病菌的发生和流行。棚、室中的湿度条件更适于病害的发生。在冬、春季节，为了保证温度条件，往往密闭棚膜，加上土壤湿度较大，棚、室内的空气相对湿度很高。夜间一般为100%，上午也在80%以上，只有中午通风时才低一点。这个高湿环境是香瓜病害发生严重的主要原因之一。造成棚、室内发病环境条件适宜的栽培管理有如下几方面。

（1）连续阴雨天：在保护地栽培的寒冷季节，如遇连续阴雨天，由于日照不足，棚、室内温度较低，不敢通风；加上室外湿度也很大，所以大棚、室内的湿度很高。这为病害的发生、流行创造了条件。

（2）放风少：大棚、温室中，寒冷季节为了保温，往往忽视放风，放风时间短而少，因而棚、室内湿度加大。

（3）底水不足：播种前或定植后未浇足底水，致使生长期干旱缺水，不得不多次浇水补充。寒冷季节每次浇水都会降低地温，增加空气湿度，加剧病害的发生。

（4）种植密度偏大：香瓜定植时，植株过密，很易造成通风、排湿不良。湿度过大处首先发病成为发病中心。

（5）中耕少：定植前期，浇水后中耕跟不上，地面板结，蒸发加快，土壤失水快，势必增加浇水次数，加剧病害的发生和流行。

（6）整地质量不高：整地不平，畦面过大，浇水不易均匀。低洼处易积水，湿度大，易成为发病中心。

（7）棚膜滴水：大棚、温室内的空气湿度大的另一原因是棚膜内外温差巨大，外界多在0℃以下。因而大棚膜内侧极易结露，形成水滴、水膜。这些水滴、水膜本身就增加了空气湿度，在滴下来的时候，肯定不均匀，滴水多的地方土壤湿度就大，就易发病。这种情况即使利用无滴塑料薄膜也有存在，仅稍差些就是了。

（8）温度条件：寒冬，大棚、温室中的温度条件一般较低。如遇寒潮侵袭，则终日维持较低的温度水平。因而一些适宜较低温度的病害如霜霉病、黑星病、菌核病、灰霉病等就会大大发生。

3. 植株抗病性差

尽管有适宜的发病环境条件，有足够数量的病原菌，要发病，还必须有抗病力弱，易发病的香瓜植株方可发病、流行。这就是目前生产上在相同条件下，不同的香瓜品种发病情况不一样的主要原因。事实表明，那些抗病品种、抗病力强的健壮植株不易发病或发病的危害轻微。植株的抗病性由以下几方面决定。

（1）遗传因素：香瓜种类很多，有的种类本身具有抗某些病的遗传基因。目前各科研单位育成的很多杂交种具有抗多种病害的基因。一般地方品种可能有抗一个或数个病害的基因，但综合抗性不及杂交种。

（2）秧苗素质：育苗期高温、多湿、日照不足、过密、氮肥过多等条件会引起秧苗徒长。苗期温度低易形成僵化苗、老化苗，这几种秧苗的抗病力均差，易染病害。

（3）生育周期：在香瓜幼苗期，子叶展平到第一真叶抽出展平，为萌芽期向幼苗期的过渡时期。此期的营养是由种子贮藏的养分供应，逐步过渡到自行制造供应的过渡时期。在这一时期，种子的营养已耗尽，叶子制造的养分不足，植株处于饥饿营养不良状态，抗病力自然差。此期是病毒病、枯萎病等多种病害的最易浸染时期。

（4）植株生长状态：香瓜植株生育过程中，氮肥太多，磷、钾肥不足；密度大，光照不足，浇水过多，通风少，温度偏高等均会造成植株徒长，而降低抗病性。同一植株如果遭受一种病害的浸染，则抗病力下降，对其他病害的抗性也会降低。

（5）植株衰老：香瓜结瓜太多，采收不及时，消耗营养太多；缺水、缺肥；其他管理跟不上等，均会使植株衰老或衰弱而降低抗病性。

4. 病害的传播途径

田间有了发病植株，有了足够数量的病原菌，具备了发病适宜环境条件，还必须通过一定的途径才能侵入到其他植株上，造成病害的流行。病原菌传播时，霜霉病、细菌性角斑病、黑星病、灰霉病等主要依靠风、水滴和农事操作来传播；白粉病、菌核病、疫病、蔓枯病等主要依靠风和水滴进行传播；枯萎病主要依靠灌溉水、土壤耕作、地下害虫等传播；病毒病依靠蚜虫和农事操作接触传播。传播途径的有与否，是病害发生的重要条件之一。

5. 防治不力

香瓜病害的发生、流行，总是有一个由少到多，由轻微到严重的过程。如果在发病初期未能及早采取措施，或是措施不力、措施不当，均会造成病害的大发生、大流行。

第二节　香瓜病虫害的综合防控措施

要实现香瓜无农药污染公害，在病害的防治过程中，应按照"预防为主，综合防治"的植保方针，坚持以"农业防治，物理防治，生态防治为主，化学防治为辅"的无害化治理原则。

一、综合防治病害技术

1. 减少病原物

减少香瓜生育环境中的病原菌数量，是防止病害发生的基础。减少病原物的措施大多是农业措施，不污染或很少污染香瓜和环境，而且有一定促进香瓜生长发育、增产增收的作用。今后应切实注意，大力推广应用。

（1）忌用老苗床育苗：忌利用老苗床的土壤、多年种植香瓜的土壤作育苗土。利用肥沃、3年以上未种过瓜类的地块土壤作育苗床土。这样可减少床土的病原菌数量，减轻病害的浸染。如果育苗床土达不到上述要求，应预先进行消毒处理，如在日光下翻耕暴晒、掺入多菌灵等药剂消毒等。苗床施用的肥料应腐熟，有条件时也应加入药剂消毒。

（2）防止种子带菌：防止种子带菌的措施较简单，用药量少效果明显，不会造成香瓜的农药污染。常用的措施是对种子进行消毒处理。

（3）防止病苗入大田：定植前应细致检查，淘汰病、弱苗，防止病苗入大田。苗床内喷洒广谱性杀菌剂进行预防。

（4）实行轮作：尽量施行轮作。香瓜栽培应选在 3～5 年未种过瓜类的棚室内进行。

（5）土壤消毒：土壤消毒是利用物理或化学方法，减少土壤病原菌的技术措施。常用的方法有：深翻30厘米，并晒垡，可加速病株残体分解和腐烂，还可把菌核等病菌深埋入土中，使之失去浸染力；夏季闭棚提高棚内温度，使地表温度达 50～60℃，处理 10～15 天，可消灭土表部分病原菌；定植前喷洒 50% 多菌灵可湿性粉剂 500 倍液，或撒多菌灵的干粉。

（6）棚室消毒：在播种或定植前 10～15 天，把架材、农具等放入棚、室中密闭，每亩用硫磺粉 1 ～ 1.5 千克，锯末 3 千克，分 5 ～ 6 处放在铁片上，点燃；或用 52% 百菌清烟剂 250 克点燃，可消灭棚、室内墙壁、骨架等上附着的病原菌。

(7) 清洁田园：香瓜生长期间及时摘除发病的叶片、果实，拔除病株，携出田外深埋或烧毁。香瓜拉秧后，及时清理残株深埋或烧毁。用此措施减少田间病原菌。

(8) 消除杂草：田间、地边的杂草有很多是病害的中间寄主，特别是病毒病的传染源，因此，应及时清除杂草。

(9) 注意邻作：棚室栽培香瓜时，周围大田中尽量不种其他瓜类作物，避免把病害传染到棚、室中去。

2. 避免发病环境

湿度是多种病害发生的关键条件，棚室内防病要以降低湿度为中心。

(1) 浇水：播种前，定植后要浇足底水，缓苗后浇足缓苗水。尽量减少在生育期浇水。生长期如需浇水，可采用膜下滴灌或膜下暗灌的方式，尽量降低温室内的相对湿度，避免侵染性病害的发生。

(2) 覆盖无滴膜：棚、室内由于内外温度差大，棚膜结露是不可避免的。普通塑料薄膜表面结露分布均匀面广，因而滴水面大，增加空气湿度严重。采用无滴膜后，表面虽然也结露，但水珠沿膜面滴下，滴水面小，增加空气湿度不严重。

(3) 合理密植，利用大小行栽培：棚、室内定植密度勿过大。可能的条件下利用大小行栽培，以利通风透气，降低空气湿度。

(4) 中耕松土：浇水后及时中耕松土，可减少蒸发，保持土壤水分，减少浇水次数，降低空气湿度。

(5) 通风：在保证温度适宜的前提下，及时通风，排出湿气，可有效地降低棚、室内的空气相对湿度。

(6) 浇水时间：寒冷季节浇水，应选在晴天上午进行。浇水后立即密闭棚室，提高温度。等中午和下午加大通风，排出湿气。

(7) 调节温度：香瓜霜霉病发病适温为 20 ~ 22℃，在栽培中避开这一温度即可避免病害的发生。为此，棚室内夜间可保持 15 ~ 18℃ 的低温，早晨迅速提高棚、室内温度至 25 ~ 28℃。这样可大大减轻病害的发生。春季还可用闭棚提高棚、室内温度至 45℃ 左右，消灭霜霉病病菌，防止霜霉病的大发生。

3. 提高植株抗病性

提高香瓜植株自身的抗病性、免疫力是防治病害、避免污染的最经济措施。

(1) 选用抗病品种：目前培育的很多杂交种，可抗多种病害。这些杂交种基本不染病，或染病后危害轻微，能大大减少药剂防治的负担。通过栽培措施不仅可提高植株的抗病力和耐病力，亦有减少喷药次数的功效。

(2) 田间管理：增施有机肥，在施氮肥的同时，配合磷、钾肥，可促使植株生长健壮，减轻病害的发生。育苗期保证合理的水肥供应，充足的光照，适宜的温度，育成壮苗。健壮的秧苗可减少病害的发生与危害。在生长期充足适宜的水肥供应，适时整枝搭架，及时采收等正确的田间管理，均有促使植株生长健壮，提高抗病力的作用。

（3）嫁接：利用南瓜作砧木嫁接，可提高抗枯萎病力。目前香瓜越冬栽培，嫁接已成为重要的措施。

（4）根外追肥：利用根外追施营养元素的方法，提高香瓜植株的抗病力，减少病害的发生与危害。如利用糖尿合剂（糖0.75千克，尿素0.75千克，水50千克），每5～7天1次喷雾，可减轻霜霉病的发生。根外追施0.2%磷酸二氢钾溶液亦有防止病害发生的功效。

4. 药剂防治

当其他农业措施不能安全控制病害的发生时，还需进行药剂防治。药剂防治的时间，应在发病前或发病初进行，争取及早治疗。使用的农药以生物制剂为最好，其次是低毒、低残留农药。

二、综合防治虫害技术

香瓜无公害防治虫害技术仍要贯彻"预防为主，综合防治"的方针。

1. 减少虫源，避免虫害流行的环境条件

香瓜虫害造成损失必须有足够数量的害虫密度，适于害虫发生发育危害的环境条件，这二者缺一不可，在虫害防治中应尽量减少虫源，避免虫害适宜的生存环境条件。

（1）及时预测、预报：一般情况下，头一年的越冬害虫数量大，越冬条件适宜，则第二年大发生的可能性就大。所以，及时预测、预报，作出预防措施，早治、治小、治疗就很有必要和意义。

危害香瓜的地老虎、蛴螬等地下害虫，多在土壤下越冬。如果头一年危害较重，秋、冬季未进行集中防治，秋季翻地不多，越冬场合多而适宜，则翌年大发生的可能性很大。春季结合翻地进行调查，如每平方米可发现 1 ～ 2 头幼虫，则表明害虫越冬量大，虫口密度较大。在成虫羽化交配期，利用糖、醋液诱杀成虫，如果每诱杀点每晚可杀死 10 头以上的成虫，就可以预测到今年害虫要大发生，应及早进行防治。

（2）清洁田园，清除杂草：香瓜拉秧后，残枝、落叶上还有很多蚜虫、白粉虱等害虫，及时清理，深埋或烧毁，可消灭很多害虫，减少虫口密度。大棚周围的杂草，有的是害虫的寄主，有的是越冬场所，及时清除、烧毁也可消灭部分害虫。

（3）冬耕：入冬土壤结冻前，灌大水再进行深翻 30厘米以上，可使金针虫、蛴螬、地老虎等越冬害虫翻至地表面，使之冻死，被鸟吃掉，能减少越冬虫口密度。通过深翻，还可使香瓜部分害虫翻至地下，抑制其危害。

（4）消灭越冬害虫：一般害虫都有固定的越冬场所，冬季在越冬场所集中消灭越冬害虫，具有省工、省药、事半功倍的效果。栽培越冬香瓜的温室是温室白粉虱的主要越冬场所，冬季在温室内喷药消灭白粉虱，可大大减少越冬虫口密度。

（5）轮作：多数害虫有固定的寄主，寄主多，则害虫发生量大；寄主减少，则因食料不足而发生量大减。利用这一特性，在温室、大棚中实行轮作，种植一些害虫不喜食的蔬菜，可减少害虫数量。温室白粉虱不喜食芹菜、韭菜等蔬菜，在温室白粉虱发生严重的地块，改种芹菜、韭菜，可大大减少害虫危害。

（6）药剂熏蒸：大棚、温室在播种、定植前，利用硫磺粉熏蒸，或用敌敌畏等杀虫药熏蒸，可消灭残存在里面的害虫，这样可减少香瓜种植后的药剂防治工作。

（7）施用腐熟的有机肥：未腐熟的有机肥气味大，能吸引种蝇等害虫前往产卵，增加危害。因此，有机肥应腐熟后再施用。施用腐熟的有机肥后，蛴螬喜食之，还有减轻其危害的效果。

（8）利用银灰色驱蚜：蚜虫有回避银灰色的特性。在大棚、温室中，利用银灰色地膜；行间张挂银灰色塑料薄膜条；架材、骨架涂上银灰色颜色等，均可使蚜虫虫口密度减少。

（9）纱网挡虫：在育苗畦上覆盖纱网，温室、大棚的通风口加盖纱网，这样可阻挡害虫进入苗床、棚、室内危害。

2. 虫害的无公害、无污染杀灭措施

采取了上述预防措施后，如果害虫仍能造成危害，应采取下列杀灭措施。

（1）药剂浸根：香瓜定植前，分苗前用50%锌硫磷乳剂1000倍液浸根或灌根，可消地下害虫，防止害虫进入大田。

（2）消灭害虫于苗床之中：定植前，在苗床内集中喷药，防止蚜虫、瓜蓟马等害虫带入大田，减少防治难度。

（3）人工灭虫：经常在田间检查，发现虫卵、幼虫集中地、成虫集中地，用人工摘除消灭之。

（4）诱杀成虫：利用地老虎等害虫成虫的趋光性、趋化性，在成虫发生期在田间设糖醋诱虫液、性诱杀剂，诱杀成虫，以此减少产卵量。

（5）黄板诱杀：蚜虫和白粉虱具有强烈的趋黄性，利用这一特性，在田间多竖黄板，上涂机油，可粘杀害虫。

（6）撒毒谷、毒土：在田间撒拌有敌百虫的炒熟麦麸可毒杀蝼蛄。撒拌有敌百虫的毒土，可毒杀蛴螬。

（7）生物药剂：利用生物药剂如浏阳霉素、灭幼脲Ⅲ号等无公害生物农药防治红蜘蛛等害虫，可有效地减少农药残毒污染。

（8）化学药剂防治：在害虫发生较严重时，必须进行化学药剂防治。化学药剂的施用要遵守保护天敌、喷药与采收有足够的间隔时间、低毒、低残留等原则。

第三节　香瓜主要病虫害防治

由于我国地域辽阔，东、西、南、北间距离跨度大，气温、雨量、土质、生长季节等条件差异悬殊，物候期也迥然不同，所以病害种类和发病情况也有一定差异。

一、香瓜主要病害防治

1. 猝倒病

猝倒病（图 5-1）是幼苗期的主要病害，发生普遍，可造成大片幼苗死亡。尤其在育苗床内受害最为常见。

图 5-1 猝倒病

【发病症状】

猝倒病主要发生在香瓜苗期。幼苗感病后，在出土表层茎基部呈水浸状软腐倒伏，即猝倒。幼苗初感病时秧苗根部呈暗绿色，感病部位逐渐缢缩，病苗折倒坏死。染病后期茎基部变成黄褐色干枯成线状。

【病原】

病原为腐霉属中的瓜果腐霉菌。

【发病规律】

病菌的腐生性很强，可在土壤中的病株残体上营腐生生活，能长期生存。病菌以卵孢子和菌丝体在土壤中越冬和度过不良的环境条件。在适宜的环境条件下，萌发产生游动孢子侵害寄主。菌丝体可产生孢子囊，游动孢子直接侵害幼苗，引起猝倒。病菌借雨水或灌溉水的流动而传播。此外，带菌堆肥的应用、农具等也可传播。病菌侵入后产生孢子囊,进行再浸染。病菌生长适宜地温 15～16℃,温度高于 30℃时生长受到抑制。适宜发病地温为 10℃,低温对寄主生长不利,但病菌尚能活动。当幼苗子叶养分基本用完,新根尚未扎实之前是感病期,遇有雨、雪连阴天或寒流侵袭,则发病较多。

【防治方法】

(1)种子药剂包衣:选 2.5%适乐时悬浮剂 10 毫升 +35%金普隆 2 毫升,对水 150～200 毫升包衣 4 千克种子,可有效地预防苗期猝倒病和其他如立枯病、炭疽病等苗期病害。

(2)苗床土药剂处理:取大田土与腐熟的有机肥按 6:4 混均匀,并按每立方米苗床土加入 100 克 68%金雷水分散粒剂药液封闭覆盖土表面。

(3)药剂防治:发现病苗后,可用 75%百菌清可湿性粉剂 600 倍液,或 64%杀毒矾可湿性粉剂 500 倍液,或 70%代森锰锌可湿性粉剂 500 倍液,或 70%敌克松原粉 1000 倍液,上述药剂之一,或交替使用,每 7～10 天 1 次,连喷 2～3 次。

2. 立枯病

立枯病(图 5-2)是幼苗期主要病害之一。立枯病在春季及温室育苗期中,常常造成大量死苗。

【发病症状】

刚出土的幼苗及大苗均能受害(猝倒病不能危害大苗),一般发生在育苗的中后期。受害幼苗茎基部产生椭圆形暗褐色病斑,早期病苗白天萎蔫,夜晚恢复。以后病斑逐渐

图 5-2　立枯病

凹陷，湿度大时，可看到淡褐色蛛丝状霉，但不显著。病斑发展绕茎 1 周后出现缢缩，根部逐渐干枯萎蔫，夜晚亦不能恢复，并继续失水，直至枯死。立枯病苗立着枯死，病部菌丝不显著，这两点可与猝倒病相区别。

【病原】

立枯丝核菌是土壤习居菌，主要以菌丝体或菌核在土壤内的病残体及土壤中长期存活，也能混在没有完全腐熟的堆肥中生存越冬。极少数以菌丝体潜伏在种子内越冬。此病初侵染来源主要是土壤、病残体、肥料。

【发病规律】

病菌的腐生性很强，一般在土壤中可存活 2～3 年。在适宜的环境条件下，直接侵入寄主内危害。此外，还可通过雨水、流水、农具及带菌的堆肥传播危害。

立枯病发病条件与猝倒病很相似。在苗床管理不当，播种过密，间苗不及时，浇水过大过多，或苗床通风不及时等原因，造成苗床内湿度过大，即易发病。

苗床内的光照条件不足，通气不及时，有害物质积累过多，秧苗生长不良，抗病力不强，亦会造成病害发生。

与猝倒病不同的是立枯病发生需要的温度较高，只有在较高的温度条件下才易发生。

立枯病浸染的最有利时期是幼苗子叶养分已耗尽，真叶尚未抽出时，即由依养阶段到自养阶段的过度时期。此时，幼苗体内碳水化合物含量最少，抗病力最弱，故易感病。在生产上，立枯病发病多在育苗的中后期，这是因为冬春季育苗时，前期处在低温季节，到中后期气温越来越高，有利于病害的发生。

【防治方法】

（1）床土消毒：床土消毒方法同猝倒病。

（2）种子处理：播种前，种子用 50～55℃ 的温水浸种或用 50% 的福美双可湿性粉剂、65% 的代森锌可湿性粉剂拌种，均可消灭种子上携带的病原菌。

（3）药剂防治：发病初期可喷洒 50% 速克灵可湿性粉剂 2000 倍液，或 58% 甲霜灵锰锋可湿性粉剂 500 倍液，或 20% 甲基立枯磷乳油 1200 倍液，或 72.2% 普力克水剂 800 倍液，隔 7～10 天喷 1 次。

3. 枯萎病

枯萎病（图 5-3）又称蔫萎病、蔓割病，是一种世界性瓜类土传病害。

【发病症状】

典型症状是萎蔫，瓜类生长的全生育期都能发病，单以伸蔓期到结果期发病最重。

图 5-3 枯萎病

（1）播种后可以造成烂种，苗期造成子叶或全株萎蔫，茎基部变褐缢缩，呈现猝倒病的症状。

（2）发病最多在植株开花至坐瓜期。发病初期，病株叶片自下而上逐渐萎蔫，早晚尚能恢复，数日后整株叶片下垂，不再恢复常态，茎蔓基部稍缢缩，表皮粗糙，常有纵裂。

（3）病部潮湿时，根茎部呈水渍状腐烂，表面常产生白色或粉红色霉状物（即分生孢子）。

（4）有的病株根呈褐色，易拔起，皮层与木质部易剥离，茎维管束部分变褐色。

【病原】

由镰刀孢属中的香瓜镰孢菌侵染所致。

【发病规律】

病菌菌丝体、厚垣孢子主要在土壤耕层中越冬侵染，离开寄主可在土壤中存活 10 年以上。轮作 4～5 年后，土壤中菌量可大量减少。病菌还可通过种子、农家肥、农具、

流水及风雨等多条途径进行传播。枯萎病发病温度范围为
8～34℃，适宜范围24～32℃，较高温度能缩短潜伏期。
土壤含水量高及酸性土壤适于病菌繁殖。香瓜进入开花坐
果期，在高温、高湿的条件下，或者时阴时晴的天气，易
引起枯萎病大发生。

【防治方法】

（1）品种：选用抗枯萎病的品种。

（2）轮作：实行与非瓜类作物3～5年以上的轮作。
苗床2～3年应调换地方，或改换新土，有条件时应采用
无土育苗。

（3）改良土壤：在重病区或重茬地，结合整地，每亩
施入熟石灰粉80～100千克，以改变土壤pH值呈中性或
微碱性，抑制病菌发展。

（4）嫁接：南瓜的抗枯萎病力较强，利用它们作砧木，
香瓜作接穗，育成的嫁接苗有较强的抗病力。这种方法在
北方大棚生产中已应用，效果十分显著。

（5）种子：坚持在无病植株、无病田中留种，防止种
子带菌。

（6）土壤消毒：在保护地内，夏季空闲时间，整地、
起垄后，铺盖地膜，再密闭大棚，利用阳光提高保护地内
的温度，使20厘米以上的地温达45℃以上，可消灭多数枯
萎病菌。亦可用香瓜重茬剂进行土壤消毒。

（7）药剂防治：在枯萎病发生初期可用20%甲基立枯
磷乳油300倍液灌根每株0.5千克；10%治萎灵1000倍液
罐根每株0.5千克；络氨铜水剂300～400倍液灌根每株

0.5 千克；金吉尔灭萎水剂 400 ~ 600 倍液灌根每株 0.5 千克；10% 双效灵水剂 500 倍液浸泡种子或灌根 0.5 千克。

4. 疫病

疫病（图 5-4）又称疫霉病，俗称死秧，除为害香瓜外，也为害香瓜及其他瓜类。一般在苗期和生长前期发生，是高温多雨期发生的重要病害。

图 5-4 疫病

【发病症状】

病菌侵害根、茎、叶、果实，以茎蔓及嫩茎节发病较多，成株期受害最重。

（1）发病初期茎基部呈暗绿色水渍状，病部渐渐缢缩软腐，呈暗褐色，患病部叶片萎蔫，不久全株萎蔫枯死，病株维管束不变色。

（2）叶片受害产生圆形不规则水渍状大病斑，扩展极快，边缘不明显，干燥时呈青枯状，叶脆、易破碎。

（3）瓜部受害软腐凹陷，潮湿时病部表面长出稀疏白色霉状物，即孢子梗或孢子囊。

【病原】

由疫霉属中的德雷疫霉菌侵染引起。

【发病规律】

病原菌以菌丝或卵孢子随病残体在土壤中或粪肥里越冬，翌年产生分生孢子借气流、雨水或灌溉水传播。种子虽可带菌，但带菌率不高。湿度大时，病斑上产生孢子囊及游动孢子进行再侵染。发病温限 5 ～ 37℃，最适 20 ～ 30℃，雨季及高温高湿发病迅速；排水不良，栽植过密，茎叶茂密或通风不良发病重。

【防治方法】

（1）品种：选用较抗病的品种。

（2）种子处理：尽量在无病田块、或无病植株上留种，防止种子带菌。育苗前可用 100 倍福尔马林液浸种 30 分钟，杀灭种子带菌。

（3）用嫁接苗：用南瓜作砧木嫁接后可防止茎基部发病，防效达 90% 以上。

（4）药剂防治：发病初期可喷洒 72% 克露可湿性物剂 800 倍液；5% 百菌清粉尘剂 1000 克／亩；40% 乙磷锰锌可湿性粉剂 300 倍液；64%恶霜灵 +70% 代森锰锌可湿性粉剂 600 倍液；72.2% 霜霉威水剂 +70% 代森锰锌可湿性粉剂（或大生 M45 可湿性粉剂）均 600 倍液。

5. 病毒病

香瓜病毒病（图 5-5）是一种严重的普遍发生的传染性病害，在香瓜坐果前发病，可使瓜秧生长停滞，植株不能正常开花结果，造成绝产；坐果后发病，可使果实停止发育，使产量和品质显著下降，造成生产效益的严重损失。

图 5-5　病毒病

【发病症状】

香瓜病毒病有两种类型：一种是花叶病毒病，多在北方发生，表现叶片黄、绿镶嵌的花斑，叶片瘦小卷曲上冲，不展开；另一种是蕨叶病毒病，多在江淮地区发生，表现新叶狭长皱缩扭曲，呈蕨叶状。病毒病在茎上表现节间缩短，幼蔓细小顶端上翘；花器官发育差，生长慢；果实个小，表面有黄、绿相间斑迹，凹凸不平。

【病原】

香瓜病毒病主要是由香瓜花叶病毒引起的。传毒媒介主要是蚜虫，种子也能带病。田间操作也是传病的途径之一。该病毒在 55 ～ 60℃的温度下 10 分钟致死。

【发病规律】

在高温、干旱、日照强的条件下，病害发生严重。因为上述条件有利于蚜虫的繁殖和飞迁传播，也有利于病毒的繁殖。干旱也降低了植株的抗病性，所以发病重。杂草多、附近有茄科、十字花科等寄主作物时发病较重。

此外,定植晚,结瓜期在高温季节发病重;在缺水、缺肥、管理粗放、蚜虫多的情况下发病严重。

【防治方法】

(1)品种:不同的品种,抗病力有一定差异。

(2)种子处理:在无病区或无病植株上留种,防止种子带毒。播种前应行处理,以消灭种子上的病毒。

(3)药剂防治

①适时防蚜,清除瓜田内外杂草,切断蚜虫孳生基地。在蚜虫迁飞前,及时喷药防治,可选用20%菊马乳油1500～2000倍液,或20%灭扫利乳油3000～4000倍液喷洒,或40%氧化乐果乳油800倍液等喷洒防蚜。

②发病初期可喷洒20%盐酸吗啉瓜铜500倍液;20%病毒A可湿性粉剂500倍液;1.5%植病灵乳剂800～1000倍液。

6. 霜霉病

霜霉病(图5-6)俗称跑马干、黑毛病,是香瓜的毁灭性病害,近年来在香瓜上也多有发生,一般在多雨季节及田间湿度大的地块病势扩展很快,常引起叶面早枯,使果实不能正常成熟。

【发病症状】

该病主要危害叶片。发病初期叶片上先出现水渍状黄色小斑点,病斑扩大后,受叶脉限制呈不规则多角形,黄褐色,潮湿条件下叶背病斑上长有灰黑色霉层(即孢囊),病情由植株某部向上蔓延,严重时病斑连成片,全叶黄褐色,干枯卷缩,叶易破,病田植株一片枯黄。果实弱小,品质变劣,含糖量降低。

图 5-6　霜霉病

【病原】

瓜类霜霉病菌属鞭毛菌亚门霜霉目,假霜霉菌属。菌丝体无色,无隔膜,在寄主细胞间生长发育,以卵形或指状分枝的吸器伸入寄主细胞内吸收养分,无性繁殖产生孢囊梗和孢子囊。

【发病规律】

病菌主要以卵孢子在土壤表层越冬。条件适宜时产生孢子囊释放出游动孢子侵染幼苗。通过雨水、浇水和病土传播,带菌肥料也可传病。低温高湿条件下容易发病,土温 10～13℃,气温 15～16℃时病害容易流行发生。播种、移栽时或苗期浇大水,又遇连阴天低温环境下发病重。

【防治方法】

(1) 品种:选用抗病品种。

（2）生态防治：在大棚、温室香瓜管理中，利用控制温度条件，创造不利于病菌发生流行的环境条件，抑制病害的流行。上午及早闭棚，迅速提高棚内温度到 28 ～ 33℃，使病菌停止发育。下午在 20 ～ 25℃时，及时放风，降低空气湿度，减少浸染。傍晚降低棚内温度在 12 ～ 15℃，抑制病菌的生长发育。

（3）清洁田园：在重发病区，收获结束，拔秧前，可用 5% 石灰水，每亩 100 千克喷布均匀，或用石灰粉按每亩 20 千克量喷粉，病株集中烧毁，可减少田间病菌残留。

（4）药剂防治：发病初期可喷洒 25% 瑞毒霉可湿性粉剂 600 ～ 800 倍液；72% 克露可湿性粉剂 800 倍液；72.2% 普力克水剂 800 倍液。

7. 白粉病

白粉病（图 5-7）俗称"白毛"，是香瓜生长中后期的一种常见病害，除香瓜外，还为害香瓜、黄瓜及南瓜等瓜类作物。

图 5-7　白粉病

【发病症状】

此病主要传染叶片，叶柄、茎蔓也可受害，果实受害少。发病初期，叶片上产生白色粉状小霉点，不久逐渐扩大成一片白粉层即病菌菌丝体。会生孢子梗及分生孢子，以后蔓延到叶背、叶、蔓、嫩果上，后期白粉层变灰白色，白粉层中出现花生、散生或堆生，黄褐色，小粒点后变成黑色，即病菌有性世代的闭囊壳，病叶片枯焦发脆，致使果实早期生长缓慢。

【病原】

由单丝壳属中的单丝壳菌侵染引起。

【发病规律】

病菌以闭囊壳随病残体在土壤中越冬，也可在棚室内作物上越冬。借气流、雨水和浇水传播。温暖、潮湿与干燥无常、阴雨天气及密植、窝风环境下易发病和流行。大水漫灌、湿度大、肥力不足、植株生长后期衰弱发病严重。

【防治方法】

（1）品种：不同的品种对白粉病的抗性有差异，一般抗霜霉病的品种也抗白粉病。

（2）药剂防治、熏烟防治：保护地内可用百菌清烟雾剂防治，方法同霜霉病防治法。在播种定植前，在棚室内可用硫磺熏蒸，以消灭环境中的孢子。每100平方米用硫磺粉0.3～0.5千克，加锯末适量，点燃后闭棚熏闷24小时，后通风播种。

（3）生物防治：发病初期，用农抗120等生物药剂，浓度100单位，发病初每7天1次，连喷2～3次即可。

（4）物理防治：发病初，用小苏打的500倍液，每3～4天1次，连喷4～5次。

（5）化学防治：在生长前期喷洒翠贝1500～2000倍液；翠康1000倍液；15%三唑铜可湿性粉剂600倍液；27%高脂膜乳剂75～100倍液。为了避免病菌产生抗药性，药剂宜交替使用。

8. 蔓枯病

蔓枯病（图5-8）的防治香瓜蔓枯病又叫黑腐病、斑点病、朽根病，危害叶片、茎蔓、果实等，以叶片受害最重。

图5-8　蔓枯病

【发病症状】

主要危害瓜蔓、叶、果实也可受害。

（1）病蔓开始在近节部呈淡黄色油浸状，稍凹陷，病斑椭圆至棱形，病部龟裂，并分泌黄褐色水渍，干燥后呈红褐色或黑色块状。

（2）生长后期病部逐渐干枯、凹陷，呈灰白色，表面散生黑色小点，即分生孢子器及子囊壳。

（3）叶片上病斑黑褐色，呈圆形或不规则形状，茎基上有不很明显的同心轮纹，叶缘老病斑上有小黑点，病叶干枯呈星状破裂。

（4）果实初期产生水渍状病斑，中央呈褐色枯死斑，星状开裂，引起瓜腐烂。

（5）蔓枯病与枯萎病不同之处，病势发展缓慢，维管束不变色。不同香瓜品种抗病性有明显差异，一般香瓜较厚皮香瓜抗病性强。

【病原】

蔓枯病为真菌病害，由于囊菌亚门香瓜球腔属真菌浸染致病。

【发病规律】

病菌可在土壤中及病株残体上越冬，由风、雨传播。种子也可带菌。高温多湿、密度偏高、通风不良、田间湿度大、偏施氮肥或养分不足，致使植株徒长或衰弱，抗病力降低均易发病。病菌发病温度范围为 5 ～ 35℃，适宜范围为 20 ～ 30℃。

【防治方法】

（1）种子：从无病田或无病植株上留种，防止种子带菌。

（2）田间管理：施足底肥，增施磷钾肥；注意浇水、排水，以保持根部土壤不要过湿，促使植株生长健壮，提高抗病力；要及时压蔓、整枝、防止疯长，提高瓜田通风透光；发现病株，及时拔除深埋或烧毁。

（3）化学防治

①瑞毒霉－锰锌600倍液全园喷洒，对病株必须喷布周到，病区着重喷洒，周围作好封闭，每隔10～15天喷1次。

②百菌清500倍液，喷洒方法同瑞毒霉－锰锌。

③甲代合剂（甲基托布津加代森锌或代森锰锌）500倍液，对初发病治疗和预防效果较好。用上述药剂防治后3～4天，再喷多代合剂（多菌灵加代森锌）500倍液，以巩固疗效。

9. 细菌性角斑病

细菌性角斑病（图5-9）可为害多种瓜类作物，是一种常发性的病害。

图5-9　细菌性角斑病

【发病症状】

全生育期均可被侵害。发病主要在叶片上，茎及果实上很少发病。叶片上发病初期呈水渍状小斑点，以后逐渐扩大，呈多角形或不规则形黄色斑。在潮湿情况下，叶片背面病斑上能溢出白色脓状物，即为细菌液。后期病斑为暗褐色，病斑干枯，易破碎穿孔。茎、叶柄、果实上发病时，初期为水渍状病斑，以后变淡灰色。病瓜常在病斑处形成溃疡和裂口。

【病原】

丁香假单胞杆菌，流泪致病变种（黄瓜角斑病假单胞菌），属细菌的一种。

【发病规律】

该病属细菌性病害，病原菌主要在种子表面或随病株残体在土壤中越冬，通过雨水、昆虫、操作管理等多途径传播。当环境适宜时，病菌可通过雨点将土壤中病菌溅至基部叶片上引起初次侵染。如空气湿度大时，病斑上溢出菌液，通过雨水等进行传播，造成再次侵染。病菌通过气孔等处侵入，最初在细胞间隙危害，以后蔓延到细胞内部维管束中。从果实外表侵入时，可通过导管进入种子。细菌在种子上及土壤中的病株残体上能存活 1～2 年。多雨高温是该病发生及传播的有利条件。其发病温度为 1～35℃；适宜温度为 25～28℃；在 49～50℃ 的温度下经 10 分钟可致死。

【防治方法】

（1）品种：不同的品种抗病力不同。

（2）种子：在无病田块或无病植株上留种，防止种子带菌。催芽播种前，应行种子处理，以消灭种子带菌。

（3）育苗：利用无病的田土育苗，有条件时可用无土育苗技术，防止幼苗染病。

（4）栽培管理：保护地内应加强通风，降低湿度，防止发病。栽培中尽量利用半高垄栽培，铺设地膜，减少浇水次数，降低田间湿度。雨季及时排水防涝，做到地里没有积水。收获结束，及时清洁田园，把病株残体深埋或烧毁。

(5) 生物防治

①用硫酸链霉素 500 倍液浸种 4 小时后，冲洗干净催芽、播种。

②发病时喷施：72%农用硫酸链霉素可溶性粉剂 4000 倍液。

(6) 化学防治：发病初期可用农用链霉素 200×10^{-6} 液，或新植霉素 $(150 \sim 200) \times 10^{-6}$ 液，或 DT 杀菌剂 500 倍液，或抗菌剂"401"的 500 倍液，或用 70%DTM600 倍液，或 70% 甲霜铝铜 250 倍液，如果细菌性角斑病与霜霉病同时发生，可用 35% 瑞毒唑铜剂每 5 ~ 6 天 1 次，连喷 3 ~ 4 次。

10. 果腐病

果腐病（图 5-10）又称细菌斑点病、阴皮病，是近年来发生的主要危害香瓜果实的病害，世界各地也先后发生疫情，危害较大，已经引起各国高度重视。

图 5-10　果腐病

【发病症状】

瓜苗染病沿叶片中脉出现不规则褐色病斑，有的扩展到叶缘，叶背面呈水浸状。果实染病，果表面出现数个几毫米大小灰绿色至暗绿色水浸状斑点，后迅速扩展成大型不规则斑，变褐或龟裂，果实腐烂，并分泌出黏质琥珀色物质，瓜蔓不萎蔫，病瓜周围病叶上出现褐色小斑，病斑通常在叶脉边缘，有时有黄晕，病斑周围呈水浸状。

【病原】

病菌革兰阴性菌，菌体短杆状，极生单根鞭毛。

【发病规律】

病菌在田间借风、雨及灌溉水传播，从伤口或气孔侵入。多雨、高湿、大水漫灌易发病，气温 24 ～ 28℃ 经 1 小时，病菌就能侵入潮湿的叶片，潜育期 3 ～ 7 天。

【防治方法】

（1）种子消毒。

（2）田间管理：实行轮作；施用充分腐熟有机肥；采用塑料膜双层覆盖栽培方式。

（3）化学防治：进入雨季开始喷洒 27% 碱式硫酸铜悬浮剂 600 倍液、47% 加瑞农可湿性粉剂（春雷霉素·氧氯化铜）800 倍液、56% 氧化亚铜水分散微颗粒剂 600 ～ 800 倍液、30% 氢氧化铜悬浮剂 800 倍液、14% 络氨铜水剂 300 倍液，每 10 天左右 1 次，防治 2 ～ 3 次。

11. 炭疽病

炭疽病（图 5-11）是香瓜重要病害之一，各地普遍发生，在多阴雨天气和南方多水地区发生尤重，是影响香瓜稳产高产的主要原因。

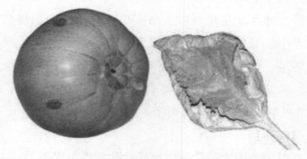

图 5-11　炭疽病（果及叶）

【发病症状】

在各生长期都可发生，以生长中、后期发病较重。

（1）幼苗症状：子叶边缘出现褐色半圆或圆形病斑；茎基部患病部缢缩，呈黑褐色，造成植株倒伏。

（2）成株期叶、蔓、瓜都可发病。叶片发病：叶片发病初为黄色水浸状圆形病斑，病斑扩大后变褐，有时出现同心轮纹，干燥时病斑易破碎。茎蔓或叶柄发病病斑呈椭圆形，稍凹陷，上生许多黑色小斑点，即病菌分生孢子盘。果实发病：初为暗绿色水浸状小斑点，后扩大成圆形，凹陷的暗褐色病斑，凹陷常龟裂；潮湿时，病斑上缢出红色粘质物，即病菌的分生孢子堆，严重时病斑连片造成瓜果腐烂。

【病原】

炭疽病是真菌性病害，由半知菌亚门刺盘孢属真菌浸染致病。

【发病规律】

病菌以菌丝体或拟菌核随病残体或在种子上越冬，借雨水传播。发病适宜温度为27℃，湿度越大发病越重。棚室温度高、多雨或浇大水、排水不良、种植密度大、氮肥过量的生长环境下病害发生重，易流行。植株生长衰弱发病严重。一般春季保护地种植后期发病几率高，流行速度快。管理粗放也是病害发生的重要因素。

【防治方法】

（1）品种：不同的品种耐病力不同。

（2）种子：在无病区、无病田，或无病植株上留种，防止种子带菌。在催芽前应对种子进行消毒处理，以消灭携带病菌。

（3）轮作：与非瓜类作物实行3年以上的轮作。

（4）土壤处理：利用无病的大田土育苗，或用药剂进行苗床土壤消毒。一般用50%多菌灵或50%炭疽福美，按每平方米8克，与地表土壤混匀。也可用夏季闷棚法，使土壤温度升至45～50℃消灭病菌。有条件时，利用无土育苗技术效果最好。

（5）栽培管理：选择地势高燥、排水方便的砂壤土栽培。施足基肥，增施磷、钾肥；雨季及时排水；保护地内，上午闭棚，使温度升至30～34℃，下午加强通风，使棚内湿度降至75%以下，创造不利于病害发生的环境；及时清洁田园，清除病株残体，深埋或烧毁。上述措施，均可减轻病害的发生。

（6）药剂防治：发病初期可喷洒使百克水剂或粉剂

600～800 倍液；80% 炭疽福美可湿性粉剂 600～800 倍液；68.75% 易保水分散粒剂 1000～1200 倍液；2% 武夷菌素水剂 200 倍液。

12. 菌核病

菌核病（图 5-12）在塑料大棚、温室和露地栽培均可发病，但以塑料大棚和温室发生较为严重。从苗期至成株期均可侵染，主要为害茎蔓和果实。

图 5-12 菌核病

【发病症状】

叶、叶柄、幼果染病，初呈水渍状，后软腐，其上长出大量白色菌丝，渐形成黑色鼠粪状菌核。茎蔓受害，初期在主侧枝或茎部呈水浸状褐斑。高湿条件下，长出白色菌丝。茎髓部遭受破坏，腐烂中空或纵裂干枯。果实染病多在残花部，先呈水浸状腐烂，长出白色菌丝，后逐渐扩大呈淡褐色，缠绕成黑色菌核。

【病原】

核盘菌，属子囊菌亚门真菌。

【发病规律】

病菌以菌核在土壤中或混杂在种子间越冬或越夏。越冬或越夏后的菌核，遇雨或浇水即萌发，1 年中有 2 个萌发时期，北方地区为 4 ～ 5 月和 9 ～ 10 月，南方地区为 2 ～ 3 月和 11 ～ 12 月。菌核萌发后产生子囊盘和子囊孢子，子囊孢子成熟后，稍受震动即行喷出，有如烟雾，肉眼可见。子囊孢子随风、雨传播，特别是在大风中可作远距离传播，也可通过地面流水传播。子囊孢子对老叶和花瓣的侵染力强，在侵染这些组织后，才能获得更强的侵染力，再侵染健叶和茎部。田间发病后，病部外表形成白色的菌丝体，通过植株间的接触进行再侵染，特别是植株中、下部衰老叶上的菌丝体，是后期病害的主要来源。发病后期，在病部上形成菌核越冬或越夏。

【防治方法】

（1）土壤：实行与非瓜类作物 2 ～ 3 年的轮作。收获后及时清洁田园，将病株残体深埋或烧毁。深翻土地，把菌核埋入土下。

（2）田间管理：保护地内加强通风，降低空气湿度，创造不利于病害发生的环境条件。铺盖地膜，阻止孢子飞散。防止大水漫灌，雨后及时排水防涝。

（3）采用搭架栽培法，每亩 1500 株，单蔓整枝，6 ～ 7 叶时摘去第一朵雌花，保留 12 ～ 13 片叶子，不仅增产、增收，还可减轻病害。

（4）棚室管理：棚室上午以闷棚提温为主，下午及时放风排湿，发病后可适当提高夜温以减少结露，早春日均温控制在 29 ～ 31℃ 高温，相对湿度低于 65% 可减少发病，防止浇水过量，土壤湿度大时，适当延长浇水间隔期；棚室或露地出现子囊盘时，采用烟雾或喷雾法防治。用 15% 速克灵烟剂或 45% 百菌清烟剂，每亩 250 克，熏 1 夜，隔 8 ～ 10 天 1 次，连续或与其他方法交替防治 3 ～ 4 次。

（5）药剂防治：发病时及时喷施 5% 百菌清粉尘剂，每亩 1 千克；50% 速克灵可湿性粉剂 1500 倍液；50% 扑海因可湿性粉剂 1500 倍液；50% 农利灵可湿性粉剂 1000 倍液；40% 乙烯菌核净干悬剂 1000 倍液；25% 赤霉清可湿性粉剂 800 ～ 1000 倍液；60% 防霉宝超微粉 600 倍、20% 甲基立枯磷乳油 1000 倍液；50% 扑海因可湿性粉剂 1500 倍液加 70% 甲基硫菌灵可湿性粉剂 1000 倍液于盛花期喷雾，隔 8 ～ 9 天 1 次，连续防治 3 ～ 4 次，病情严重时，除正常喷雾外，还可把上述杀菌剂对成 50 倍糊状液，用毛笔涂抹在瓜蔓病部，不仅控制扩展，还有治疗作用。

13. 灰霉病

灰霉病（图 5-13）在香瓜整个生育期都可以发病，能侵染叶片、茎蔓、花器和幼果等各个器官，以通风不良，湿度高的大棚发病重。目前香瓜正处于结果期，灰霉病在叶片、花器和幼瓜上都有发生，一旦流行，将导严重减产，应引起重视。

【发病症状】

灰霉病主要为害幼瓜和叶片。感染灰霉病的香瓜叶片，病菌先从叶片边缘侵染，呈小型的"V"字形病斑。病菌从开花后的雌花花瓣侵入，使花瓣腐烂，果蒂顶端开始发病，果蒂感病向内扩展，致使感病幼瓜呈灰白色、软腐、凹陷，感病后期长出大量灰绿色霉菌层。

图 5-13　灰霉病

【病原】

灰葡萄孢，属半知菌亚门真菌

【发病规律】

病菌以菌丝或分生孢子及菌核随气流、雨水和农事操作进行传播、蔓延，香瓜开花结果期最容易感病。该病害发生流行的适宜条件是：温度 18 ～ 23℃，而且连续阴雨天。

【防治方法】

(1) 栽培管理：通风降湿，适度灌溉，控制土壤和空气湿度；及时清理病残体，并集中销毁。

(2) 化学防治

①开花前及时喷施保护剂 80% 大生 600 倍或 80% 保加

新 600 倍或 80% 蓝宝 600 倍。

②开花期至授粉前使用 50% 农利灵 1000 ～ 1200 倍进行叶面喷施。

③小果期至果实膨大期，如有该病害发生并碰上阴雨天气，可选用 50% 农利灵 100 ～ 1200 倍或 10% 速克灵 1000 ～ 1200 倍、50% 扑海因 1000 ～ 1500 倍进行叶面喷施。

④可选用百菌清烟熏剂（一熏灵 II 号）、6.5% 万霉灵粉尘剂等，每 7 ～ 10 天防治 1 次，也可与喷雾剂交替使用，连续防治 3 次以上。

⑤可选用 50% 速克灵（腐霉利）可湿性粉剂 2000 倍液，37.5% 速安（多霉威）可湿性粉剂 800 倍液，65% 甲霉灵可湿性粉剂 1000 倍液，50% 多霉灵可湿性粉剂 1000 倍液，50% 农利灵水分散粒剂 1000 倍液等喷雾，每 7 天喷 1 次，连喷 2 ～ 3 次。

14. 黑星病

黑星病（图 5-14）除危害香瓜外，还可危害西葫芦、黄瓜、南瓜等。以温室大棚香瓜发病较重，造成香瓜减产。

图 5-14　黑星病

【发病症状】

可危害叶、茎、卷须和果实。以嫩叶、嫩茎、幼瓜受害严重。幼苗发病,心叶枯萎,植株停止生长,全株枯死。成株受害,叶片出现近圆形病斑,直径 1 ～ 2 毫米,淡黄色,后期病斑易星状开裂。叶脉受害,病部组织坏死,周围健部继续生长,致使病部周围叶组织扭皱。卷须、叶柄、果柄受害,病斑长梭形,大小不等,淡黄褐色,中间开裂下陷,病部可见白色分泌物,后变为琥珀胶状物,潮湿时病斑上长出灰黑色霉层。果实被害,初生暗绿色圆形至椭圆形病斑,溢出白色胶状物,后变为琥珀色,病斑直径 2 ～ 4 毫米,凹陷,龟裂呈疮痂状,病部停止生长,瓜畸形,潮湿时可生明显的灰色霉层。

【病原】

黑星病为真菌病害,由半知菌亚门瓜枝孢菌浸染致病。

【发病规律】

病菌随病株残体在土壤中或保护地支架上越冬,也可附着在种子表皮内外越冬。第二年靠种子、风雨、气流、灌溉、农事操作等传播。该病在 9 ～ 30℃,相对湿度 85% 以上,均可发病。发病的最适温度为 17℃,相对湿度 90% 以上。华北地区以初夏和秋季发病较重。在保护地中以春末和初秋发病严重。在重茬地、雨水多,浇水过多,通风不良、密度过大、湿度过高时发病严重。

【防治方法】

(1) 种子:从无病区或无病株上采种,防止种子带菌。催芽前应行种子处理。

（2）轮作：实行与非瓜类作物 2～3 年的轮作。

（3）育苗：利用无病大田土育苗，或用无土育苗技术。在老苗床应用 50% 多菌灵，按每平方米用药 8 克，加细土 10 千克，拌匀后撒在苗床地表，以消灭土壤中病菌。

（4）田间管理：保护地应合理密植，注意及时通风，降低湿度。利用地膜覆盖，控制浇水。及时清洁田园，清除病株残体，深埋或烧毁。

（5）药剂防治：发病初期，可用 50% 多菌灵可湿性粉剂 600 倍液，或与武夷菌素 150 倍液混用，或 50% 扑海因可湿性粉剂 1000 倍液，或 70% 代森锰锌 500 倍液，或 70% 甲基托布津 1000 倍液，或农抗 B010 的 100 单位液，上述药之一，每 5～7 天 1 次，连喷 3～5 次。

15. 黑斑病

黑斑病（图 5-15）为香瓜的重要病害，局部地区发生分布，保护地种植受害较重。

【发病症状】

从苗期到采收期均可危害，尤以大棚香瓜为严重。发病多从叶上开始，病斑呈圆形或近圆形，中央白色，边缘淡黄褐色。病斑周围常出现褪绿的晕圈，叶背病斑常呈水渍状。病斑大多在叶脉之间，很少生于叶脉部分。严重时，病斑连结，造成叶枯。

【病原】

黑斑病是真菌性病害，由半知菌亚门交链孢属真菌浸染引起。

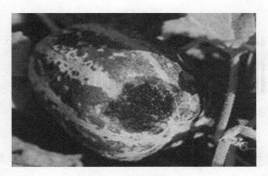

图 5-15 黑斑病

【发病规律】

病菌随病残体在土壤中越冬，种子也可带菌。第二年借气流和雨水飞溅传播。在多雨潮湿的条件下发病严重。

【防治方法】

(1) 种子：从无病区或无病植株上留种，防止种子带菌。

(2) 轮作：实行与非瓜类作物 2 年以上的轮作。

(3) 田间管理：田间施足有机肥，增施磷、钾肥；合理密植，改善通风透光条件；保护地要加强通风，降低湿度。

(4) 药剂防治：发病初，可用 70% 代森锰锌 400 ～ 500 倍液，或 50% 多菌灵可湿性粉剂 600 ～ 800 倍液，或 65% 代森锌 400 ～ 500 倍液，或农抗 120 的 100 单位液，上述药之一，每 6 ～ 7 天 1 次，连喷 4 ～ 5 次。

二、香瓜主要虫害防治

日光温室香瓜保温栽培环境相对封闭，空气湿度大，病害发生较重，虫害相对较轻，主要有蚜虫、红蜘蛛、蛴螬、地老虎、地蛆等。

1. 蛴螬

蛴螬是金龟甲的幼虫，别名老母虫、核桃虫。成虫通称为金龟子，食量很大，是植物危害最大的地下害虫。

【形态特征】

蛴螬的种类很多，常见的有大黑鳃金龟子、暗黑鳃金龟子、铜绿丽金龟子等，其中以东北大黑鳃金龟子发生最普遍严重。

（1）成虫（图 5-16）：成虫体长 24～30 毫米，体宽 13.5～14.5 毫米。体色赤褐色，翅有云状白斑分布，头部有粗大刻点及皱纹，密生淡褐色及白色鳞片。成虫昼伏夜出，于黄昏时开始出土活动，出土后即觅偶交配，交配结束后，雌虫即潜入土中，雄虫则到处飞翔。雄虫上灯一夜有 2 次高峰，一为黄昏后，二为午夜 1～2 点，黎明前飞离灯光，潜入土中。

图 5-16　蛴螬

（2）卵：刚产下的卵为白色，略呈椭圆形，直径为3.8～4.9毫米，表面光滑，密布花纹。孵化始期为7月中旬，盛期为7月下旬。

（3）幼虫：幼虫乳白色，头部橙黄色，身体肥胖，体长48～58毫米，有许多皱褶，密生棕褐色细毛。

（4）蛹：田间大量化蛹、大量出现的时间为6月中旬。其蛹体在土壤中的深度一般距地表15～20厘米处。踊长32～35毫米，宽15～16毫米，体色呈黄褐色。

【为害特点】

蛴螬在国内分布很广，各地均有发生，但以我国北方发生较普遍。蛴螬的食性很杂，是多食性害虫，能够危害多种蔬菜、粮食作物。蛴螬主要在地下为害，咬断幼苗根茎，切口整齐，造成幼苗枯死；或蛀食块根、块茎，造成孔洞，使作物生长衰弱，影响产量和品质。同时，被蛴螬咬断的伤口有利于病菌的侵入，诱发其他病害。成虫金龟子主要取食植物地上部的叶片，有的还危害花和果实。

【发病规律】

蛴螬年生代数因种、因地而异。蛴螬终生栖居土中，其活动主要与土壤的理化特性和温湿度等有关。在一年中活动最适的土温平均为13～18℃，高于23℃，逐渐向深土层转移，至秋季土温下降到其活动适宜范围时，再移向土壤上层。因此蛴螬在春、秋季两季为害最重。

【防治方法】

（1）农业防治：避免施用未腐熟的厩肥，减少成虫产卵。

（2）人工捕杀：翻地时，人工拾虫杀之；苗期发现危害，可检查残株附近，捕杀幼虫；对成虫可利用其假死性，在比较集中的作物上进行人工捕杀。

（3）化学防治

①用 50%辛硫磷乳油每亩 200～250 克，加水 10 倍，喷于 25～30 千克细土上拌匀成毒土，顺垄条施，随即浅锄，或以同样用量的毒土撒于种沟或地面，随即耕翻，或混入厩肥中施用，或结合灌水施入。

②用 2%甲基异柳磷粉每亩 2～3 千克拌细土 25～30 千克成毒土，或用 3%甲基异柳磷颗粒剂，3%呋喃丹颗粒剂，5%辛硫磷颗粒剂，5%地亚农颗粒剂，每亩 2．5～3 千克处理土壤，都能收到良好效果，并兼治金针虫和蝼蛄。

③每亩用 2%对硫磷或辛硫磷胶囊剂 150～200 克拌谷子等饵料 5 千克左右，或 50%对硫磷或辛硫磷乳油 50～100 克拌饵料 3～4 千克，撒于种沟中，兼治蝼蛄、金针虫等地下害虫。

2. 蝼蛄

蝼蛄俗称喇喇蛄、土狗子等。在我国发生的蝼蛄主要有非洲蝼蛄和华北蝼蛄两种。

【形态特征】

（1）成虫（图5-17）：体呈纺锤形，黄褐色或黑褐色，头小，复眼也很小，触角丝状，较短，口器伸向前方。前胸背板卵圆形，发达。有一对发达粗短适于开掘的前足。前翅短，仅达腹部的一半，后翅扇形，长大，折叠于前翅之下。有一对较长的尾须。

图 5-17 蝼蛄

（2）若虫：形似成虫，头小，腹部肥大。虫体随龄期增长，体色由浅变深，翅由无到有，并渐长大。

（3）卵：椭圆形，初产时黄白色有光泽，后变黄褐色，孵化前暗紫色，略膨大。

【为害特点】

蝼蛄成虫、若虫都在土中咬食刚播下的种子和幼芽，或把幼苗的根茎部咬断，被咬处成乱麻状，造成幼苗凋枯死亡。由于蝼蛄活动力强，将表土层窜成许多隧道，使幼苗根部和土壤分离，失水干枯而死，造成缺苗断垄。

【发病规律】

东方蝼蛄在江西、四川、江苏等地1年发生1代，而在陕北、山东、辽宁等地2年发生1代，华北蝼蛄约3年完成1代。两种蝼蛄均以成虫或若虫在地下越冬，其深度取决于冻土层的深度和地下水位的高低，即在冻土层以下和地下水位以上。第二年3月下旬至4月上旬，随地温的升高而逐渐上升，到4月上中旬即进入表土层活动，是春季调查虫口密度和挖洞灭虫的有利时机。在温室或温床里，温度上升快，蝼蛄提前为害瓜苗。4月下旬至5月上旬，地表出现隧道，标志着蝼蛄已出窝，这时是结合播种拌药和施毒饵的关键时刻。

【防治方法】

（1）毒饵诱杀：用90%敌百虫0.1千克、豆饼或玉米面5千克、水5千克。豆饼粉碎炒熟，敌百虫溶于水，和豆饼拌匀即成毒饵。毒饵每亩用1.5千克，可撒在畦面，或播种沟内，亦可撒于地面上再耙入地里。在保护地内，可用上述毒饵，或用谷秕煮熟拌上敌百虫或乐果乳油，撒在蝼蛄活动的隧道处。

（2）马粪诱杀：在田间挖30厘米见方、深20厘米的坑，内堆湿润马粪并盖草，每天清晨捕杀蝼蛄。

（3）人工捕捉：早春根据蝼蛄造成的隧道虚土查找虫窝，杀死害虫。夏季可查找卵室，消灭虫卵。

（4）化学防治：每亩用5%辛硫磷颗粒剂1～1.5千克均匀撒于地面，也可撒于播种沟内。

3.地老虎

地老虎俗名地蚕、土蚕等。

【形态特征】

在我国常见的有小地老虎、黄地老虎和大地老虎3种，其中小地老虎（图5-18）属于世界性的大害虫，分布最广。

图 5-18　小地老虎

（1）成虫：体长 16 ～ 23 毫米，翅展 42 ～ 54 毫米，体暗褐色。雌蛾触角丝状，雄蛾双齿状。前翅黑褐色，翅面有环形斑、棒形斑各一个，各斑均环以黑边。在肾形斑外侧有 3 个楔形黑斑尖端相对。后翅灰白色。

（2）幼虫：老熟幼虫体长 37 ～ 47 毫米。体形略扁，全体黄褐色至暗褐色，背面有淡色纵带，体表粗糙，满布大小不均的颗粒。腹部 1 ～ 8 节背面各有两对毛片。臀板黄褐色，有两条深褐色纵带。

【为害特点】

幼虫将幼苗近地面的茎部咬断，使整株死亡，造成缺苗断垄。

【发病规律】

小地老虎在南方以老熟幼虫即蛹越冬；在北方地区可能是成虫越冬，或由南方迁飞而来。幼虫三龄前啃食嫩叶，三龄后晴昼潜伏土中，夜间和阴雨天出土活动，常咬断近地面幼苗或嫩茎，拖到其潜伏的土穴内，叶片外露清晨田间极易发现。幼虫具趋湿性地势低洼，多雨湿润处受害严重。成虫在日平均气温12.8℃，相对湿度90%时活动最盛。另外，小地老虎具趋黑光性，喜糖醋及酸甜食物。

【防治方法】

（1）瓜地冬翻暴晒，春耕多耙，并清除田间杂草，可杀死越冬虫蛹和减少产卵量，压低虫源基数。

（2）诱杀成虫：设置性诱剂诱杀成虫；也可用糖醋酒液诱杀成虫。糖醋酒水的比例依次为3：3：1：10，配好后，加上适量农药盛于盆中，傍晚放到田间，清晨端回打捞死虫，每3～5亩安放一盆。

（3）诱杀幼虫：采新鲜的泡桐树叶，用水浸泡后，每亩50～70张，于傍晚放在田里，次日清晨人工捕捉叶下幼虫。

（4）配制毒饵：播种后即在行间或株间进行撒施。

①豆饼（麦麸）毒饵：豆饼（麦麸）20～25千克，压碎、过筛成粉状，炒香后均匀拌入40%辛硫磷乳油0.5千克，农药可用清水稀释后喷入搅拌，以豆饼（麦麸）粉湿润为好，然后按每亩用量4～5千克撒入幼苗周围。

②青草毒饵：青草切碎，每50千克加入农药0.3～0.5千克，拌匀后成小堆状撒在幼苗周围，每亩用毒草20千克。

（5）化学防治：对地老虎3龄前的幼虫，可用2.5%敌百虫粉剂每亩1.5～2千克喷粉，或加10千克细土制成毒土，撒在植株周围或用80%敌百虫可湿性粉剂1000倍液，或用50%辛硫磷乳油800液，或用20%杀灭菊酯乳油2000倍液进行地面喷雾。

在虫龄较大时，可用 50% 辛硫磷乳油，或 50% 二嗪农乳油，或 80% 敌敌畏乳油的 1000～1500 倍液，进行灌根，杀死土中的幼虫。

4. 蚜虫

蚜虫又称腻虫，主要有桃蚜和瓜蚜两种，一年发生20～30 代不等，温室里全年可以发生。蚜虫除了吸食香瓜汁液影响植物生长外，还能传播多种病毒。

【形态特征】

（1）成虫（图 5-19）：有干母、有翅孤雌胎生蚜、无翅孤雌胎生蚜等。干母是由越冬卵孵化的无翅孤雌胎生蚜，体长约 1.7 毫米，暗绿色，复眼红褐色。触角 5 节，尾片乳头状，两侧各有弯曲的刚毛 4 根。尾板后缘有刚毛十数条。有翅孤雌胎生蚜体长 1.2～1.9 毫米，黄色、浅绿色或深绿色，头、胸部大部分黑色。触角 6 节。无翅孤雌胎生蚜体长 1.5～1.9 毫米，黄色、绿色或深绿色，夏季以黄色居多。

图 5-19　蚜虫

（2）若蚜：有无翅若蚜和有翅若蚜两型。无翅若蚜体长 1.63 毫米左右，夏季体淡黄或黄绿色，春秋季为蓝灰色，复眼红色。有翅若蚜体型类似无翅若蚜，夏季淡黄色，秋季灰黄色。2 龄时出现翅蚜，翅蚜后半部为灰黑色。

【为害特点】

成蚜和若蚜均喜欢在瓜叶背面和嫩叶幼茎上吸食汁液。瓜苗嫩叶及生长点被害后，因被害部位生长缓慢，未被害部位生长正常，所以造成叶片卷曲，生长点及嫩茎生长受抑制，严重者萎蔫枯死。蚜虫从植株中吸食大量汁液，并分泌"蜜露"覆盖叶面，使香瓜的光合及呼吸受到影响。严重者造成花蕾脱落，甚至干枯死亡。瓜蚜还是传毒媒介，能使香瓜感染病毒病，使产量降低，品质变劣。

【发病规律】

蚜虫每年可发生 20～30 代。其年生活周期可分为"全周期型"和"不全周期型"。全周期型生活年史，有一个雌雄两性交尾产卵越冬阶段；不全周期型，全年营孤雌卵胎生，缺两性生殖阶段，不产越冬卵。

蚜虫生活周期短，增殖快，早春及晚秋 10 余天一代，春季 6～9 天一代，夏天 4 天左右一代。每头雌蚜可产仔40～70 头。蚜虫的繁殖适宜温度为 16～22℃，25℃以上受抑制。蚜虫喜旱怕雨，干旱少雨易大发生。瓜蚜群落的兴衰常常受制于天敌。如有大量大敌，如瓢虫、草蛉、寄生蜂等，即使条件适宜，也不易形成蚜灾。

【防治方法】

（1）瓜垄覆盖银灰色塑料薄膜，或田间插杆，杆上挂长 1.5 米、宽 8 厘米的银灰色塑料膜条，用以避蚜。

（2）黄板诱蚜：具体做法是先做成 1 米 ×1.5 米的木框，框上钉双层塑料薄膜，膜内夹黄色纸，薄膜表面涂上机油。在蚜虫发生初期插到田间，黄板应高出地面 30 ～ 60 厘米，每亩放 4 ～ 5 块。板面最好朝着经常刮风的方向。要经常检查和涂换机油，以增加黏着效果。

（3）化学防治

①洗衣粉灭蚜，用 500 倍中性洗衣粉，连喷 2 ～ 3 次，或虱蚜宁配合万灵 800 ～ 1000 倍进行喷雾。

②瓜蚜点片发生时，用 30% 乙酰甲胺磷加水 5 倍涂瓜蔓，挑治中心蚜株，能有效控制瓜蚜的扩散。

③当瓜蚜普遍发生时，用 10% 吡虫啉可湿性粉剂 1500 ～ 2000 倍液；70% 艾美乐颗粒剂 2000 ～ 3000 倍液；2.5% 溴氰菊酯乳油 2000 ～ 3000 倍液等药剂防治，喷洒时应注意使喷嘴对准叶背，将药液尽可能喷射到蚜虫体上。

④温室、大棚等保护地可用杀蚜烟剂，每亩用 1.5% 虱蚜克烟剂 300 克，在棚内多点均匀分布，傍晚点燃后密闭 12 小时，然后放风排出。

5. 白粉虱

温室白粉虱俗称小白蛾。

【形态特征】

（1）成虫（图 5-20）：体长 1 ～ 1.4 毫米，淡黄色到白色，表面覆有白色蜡粉，雌雄虫均有翅，翅雪白色。

图 5-20　白粉虱

（2）若虫：椭圆形，扁平，淡黄色或淡绿色，体表具长短不齐的蜡质丝状突起。3龄幼虫长 0.52 毫米。温室白粉虱在保护地栽培时，各虫态均可越冬。越冬主要在绿色植物上，少数可在残株落叶上越冬。华北地区一年发生9代，其中温室内发生3代，露地发生6代。在保护地内越冬。在 7～9 月间危害严重，10月下旬数量逐渐减少，并向温室转移。

【为害特点】

温室白粉虱的成虫和若虫群集于叶背，刺吸汁液，使叶片生长受阻变黄，影响正常生长发育。此外，还能分泌大量排泄物，堆积于叶片和果实上，往往引起煤污病的发生。严重时，影响叶片光合作用和呼吸作用，造成叶片萎蔫，甚至枯死。温室白粉虱还能传染病毒病。

【发病规律】

温室白飞虱一年可发生 10 余代。在我国北方自然条件下不能越冬，只能在温室内越冬，并能在温室内继续繁殖。

成虫羽化后，次日即能交配。每一雌虫能在嫩叶上产140～150粒卵，受精卵发育成雌虫，未受精卵发育成雄虫。在24℃左右的温度下，一般25天完成一代。卵期7天，1龄期5天，2龄期2天，3龄期3天，4龄期为伪蛹，蛹期8天。

【防治方法】

（1）消灭越冬虫源：在冬季严格检查温室大棚内，发现白粉虱应彻底消灭之，以减少第2年的虫源。温室育苗，在定植前应仔细打药，保证用无虫苗栽到大田。温室内在栽培前后应用熏蒸法彻底消灭害虫。收获后应把带虫的残枝落叶集中烧毁。

（2）温室大棚防止害虫传播蔓延：温室大棚的通风窗和通风口应用窗纱封闭，防止害虫外逃传播。

（3）黄板诱杀：利用成虫趋黄色的特性，在田间插上黄板，上涂机油，以黏杀成虫。

（4）药剂防治

①晴天中午，先喷40%的氧化乐果1000倍液杀卵和小幼虫，然后再将80%的敌敌畏180克，兑水14千克掺入40千克的锯末中调匀，撒入1亩的瓜行内，将温室或大棚密闭熏蒸，每隔5～7天1次，这样可基本消灭相继孵化的成虫。

②在白粉虱发生初期，用2.5%灭扫利乳油2000～3000倍液甲氰菊酯乳油1500～2000倍液，对成虫、若虫、卵均有效。

6. 红蜘蛛

红蜘蛛俗称"火龙"，体形微小。常群集叶背面吸食叶内汁液；发生重时，叶片卷缩干枯，生长停滞，产量减少。

【形态特征】

（1）成虫：红蜘蛛成虫（图 5-21）体色差异很大，有浓绿色、褐绿、黑褐、黄红等色，一般多为红色或锈红色。雌螨体长 0.42～0.51 毫米，前方两侧各有一黑褐色条纹，每条纹又往往分作前后 2 块，前者略大，后者较小。背刚毛 4 横列，愈后者愈小。雄螨体长 0.26 毫米，除口器部分外，虫体呈心脏形，眼着生在虫体最宽处。背刚毛较雌虫长而显著。足的跗节尖端有 4 条粘毛，6 条附属刚毛及对毛。

图 5-21　红蜘蛛（放大图）

（2）卵：圆球形，直径 0.13 毫米，有光泽。初产时无色透明，后渐变为黄白色至黄绿色，孵化前出现红色眼点。

（3）幼螨：近圆形，体长 0.15 毫米，宽 0.12 毫米。初孵时透明，眼呈红色，取食后体变暗绿色。足 3 对。

（4）若螨：足 4 对。体形及体色似成螨，但个体较小。

【为害特点】

叶螨是杂食性害虫，寄主繁多，危害面广，除瓜类外还为害棉花、玉米、高粱、豆类、果树、蔬菜、花卉等。叶螨以若虫和成虫在叶背面吸取汁液，形成枯黄色细斑，叶片逐渐由绿变黄，并有蛛丝在上面，严重时令叶干枯脱落，对产量及品质造成很大影响。

【发病规律】

每年可发生 10 ~ 20 代，以成螨越冬，其中雌螨为多，雄螨仅占 5% 左右。多在枯枝落叶、树皮缝及土缝中越冬，翌春 6℃ 以上开始活动，10℃ 以上可大量产卵繁殖。卵产于叶片背面。受精卵孵化出雌螨，未受精卵孵化出雄螨。2 龄前为幼螨，活动差；3 龄为若螨，活泼贪食。数量多时，在叶端成团，滚落地面向四周爬散，形成危害中心，并逐渐向四周扩散。叶螨喜温暖干燥，春秋繁殖一代需 15 ~ 22 天，而夏季仅需 7 ~ 10 天。降雨对其不利。瘦弱植株，叶片中可溶性糖含最高，利于叶螨繁殖。连作田，螨源丰富，也是成灾的条件。但叶螨是否成灾，除其他条件外还与天敌有关。

【防治方法】

(1) 清洁田园：及时清除杂草，可减少虫源。

(2) 轮作：茄子、大豆及玉米等作物是红蜘蛛的主要寄主，连续种植会加重红蜘蛛的危害。因此，此类作物应避免连作，注意轮作倒茬。

(3) 翻地：晚秋或初冬进行深翻地，可消灭部分越冬的害虫，减少翌年的虫源。

（4）田间管理：增施肥料，合理灌水，加强田间管理，促进植株旺盛生长，提高抗虫力。适期早播种，可在红蜘蛛盛发期之前长成较大的植株，能减轻危害。

（5）化学防治：加强田间检查，在点片发生时便进行挑治。可用 73% 克螨特乳油 1000 ～ 1500 倍，20% 单甲脒乳油 1000 ～ 1500 倍液，20% 双甲脒乳油 1000 ～ 1500 倍液喷雾，效果好；30% 灭虫螨乳油 1500 倍液能防成螨，若螨和杀卵；5% 尼索朗乳油 2000 ～ 3000 倍液喷雾，防治效果好，并有强烈的杀卵作用；或用 40% 氧化乐果乳油 1000 ～ 2000 倍液，20% 三氯杀螨醇 800 ～ 1000 倍液，50% 敌敌畏 800 倍液。20% 螨卵酯 1000 倍液喷雾，效果也好。

7. 地蛆

地蛆又称种蛆、菜蛆，为种蝇的幼虫。

【形态特征】

（1）成虫（图 5-22）：雌虫体长约 5 毫米，全身灰色至灰黄色，两复眼间较宽，约为头宽的 1/3。胸部前翅基背毛短，其长不及盾间沟后背中毛的 1/2。中足胫节外上方有 1 根刚毛。

雄虫体形略小，暗褐色，两复眼几乎相接。胸部背面有 3 条明显的黑色纵纹。后足胫节内下方密生一列几占胫节全长、末端向下弯的大致等长的短毛。腹部各节背面中央有一条黑色纵纹，各腹节均有 1 条黑色横纹。

（2）卵：长约 1 毫米。长椭圆形，稍弯曲，弯曲内有纵凹陷。全部乳白色，表面有网状纹。

（3）幼虫：老熟幼虫长约 7 毫米，乳白稍代淡黄色。

腹部末端有 7 对肉质突起，均不分叉，第 1、第 2 对的位置等高，第 5、第 6 对突起等长，第 7 对很小。

图 5-22　地蛆

（4）蛹：长椭圆形，长为 4～5 毫米，红褐色或黄褐色。

【为害特点】

常群集为害瓜苗表土以下的幼茎，使已发芽的种子不能正常出土，或从幼苗根部钻入，顺着幼茎向上为害，使下胚轴中空、腐烂，地上部凋萎死亡，引起严重缺苗。

【发病规律】

地蛆每年发生 3～4 代，以老熟幼虫在土壤里化蛹越冬。翌年随着气温的升高，成虫大量出现。晴天时极为活跃，以上午 9 时至下午 3 时数量最多。成虫喜欢在瓜苗附近未腐熟的土肥和饼肥上产卵，卵期 10 天左右。幼虫蛀食植株茎部，使输导组织遭受破坏，逐渐腐烂枯死。一个地蛆可危害 10 棵瓜苗。

成虫喜食腐烂杂物，并在其上产卵，未腐熟粪肥，发酵不充分的饼肥等最易招引成虫产卵，故生粪最易出现种蛆。成虫还可在土缝、地面上或近地面叶片上产卵，卵期3～5天，孵化后钻入土中危害作物，一般春天危害最重。

【防治方法】

（1）农业防治：提早翻耕土地，防止湿土招引成虫产卵，浇水播种后，盖土要细致，不使湿土外露，以避免产卵，不用未腐熟的粪肥或饼肥，施用粪肥后立即盖土，避免外露，或将底肥预先用药剂处理。采用浸种催芽，施底水后播种的方法，使之早出苗，减轻受害。

（2）化学防治：播前40%乐果乳油1000倍液浸种；育苗播种及定植时，用90%敌百虫1000倍液，或50%敌敌畏乳油、50%辛硫磷乳剂1000倍液喷洒苗床及幼苗根际附近，可灭卵杀虫；种蛆危害时，采用硫酸亚铁3000～4000倍液或50%锌硫磷乳剂1000倍液灌根防治，效果也较好。

8. 黄守瓜

黄守瓜俗称黄蝇，全国各地几乎均有发生，主要危害瓜类。

【形态特征】

（1）成虫：黄守瓜成虫（图5-23）体长7～8毫米。全体橙黄或橙红色，有时略带棕色。上唇栗黑色。复眼、后胸和腹部腹面均呈黑色。触角丝状，约为体长之半，触角间隆起似脊。前胸背板宽约为长的2倍，中央有1弯曲深横沟。鞘翅中部之后略膨阔，刻点细密，雌虫尾节臀板向后延伸，呈三角形突出，露在鞘翅外，尾节腹片末端呈角状凹缺；雄虫触角基节膨大如锥形，腹端较钝，尾节腹片中叶长方形，背面为 1 大深洼。

图 5-23　黄守瓜

（2）卵：卵圆形。长约 1 毫米。淡黄色。卵壳背面有多角形网纹。

（3）幼虫：长约 12 毫米。初孵时为白色，以后头部变为棕色，胸、腹部为黄白色，前胸盾板黄色。各节生有不明显的肉瘤。腹部末节臀板长椭圆形，向后方伸出，上有圆圈状褐色斑纹，并有纵行凹纹 4 条。

（4）蛹：纺锤形。长约 9 毫米。黄白色，接近羽化时为浅黑色。各腹节背面有褐色刚毛，腹部末端有粗刺 2 个。

【为害特点】

黄守瓜危害香瓜叶片、花和幼果。成虫多食害叶片，以身体为半径旋转咬食一周，然后取食叶肉，从而形成许多圆形或半圆形缺刻。幼苗期危害最严重，有时甚至吃光叶片；幼虫咬食细根，或钻入主根髓部及近地面茎内，使瓜苗生长不良，黄萎以至死亡。也可从果实贴地部分蛀食危害，轻者果面残留疤痕，重者形成蛀孔，深入瓜瓤，导致腐烂。

【发病规律】

黄守瓜在北方地区每年发生1代，长江流域可发生2～4代。各地均以成虫体眠越冬，多潜伏于向阳的杂草、落叶及土缝内，尤以前作为瓜地的土隙中密度最大。越冬成虫寿命很长，北方可达1年左右，活动期为5～6个月，耐饥力强。黄守瓜喜温好湿，土温6℃时，越冬成虫开始活动。先在菜地、豌豆及杂草上取食，然后迁移至香瓜田危害。成虫昼活动，清晨和黄昏栖息在叶背上，有假死性。黄守瓜危害香瓜叶片、花和幼果。成虫多食害叶片，以身体为半径旋转咬食一周，然后取食叶肉，从而形成许多圆形或半圆形缺刻。幼苗期危害最严重，有时甚至吃光叶片；幼虫咬食细根，或钻入主根髓部及近地面茎内，使瓜苗生长不良，黄萎以至死亡。也可从果实贴地部分蛀食危害，轻者果面残留瘢痕，重者形成蛀孔，深入瓜瓤，导致腐烂。

【防治方法】

（1）农业防治

①首先清除田园杂草，趁清晨露水未干，成虫飞不动时人工捕捉其次，在幼苗定植后4～5片真叶前，用90%晶体敌百虫800～1000倍液或50%敌敌畏乳油1000倍液喷雾。也可用2.5%敌百虫粉喷粉，每亩用量达2千克左右。

②在香瓜植株附近土面撒草木灰、糠秕、锯末、石灰粉等防止成虫产卵，减少幼虫危害。

（2）化学防治：用90%晶体敌百虫1000倍液，50%

敌敌畏乳油 1000 ～ 1200 倍液，2.5% 鱼藤精 400 ～ 600 倍液喷雾杀灭成虫；或在露水未干时用雷公藤粉撒于叶面杀灭成虫，或用 1500 ～ 2000 倍液浇根杀灭幼虫。

9. 潜叶蝇

潜叶蝇又称夹叶虫，为害香瓜的主要是豌豆潜蝇。

【形态特征】

（1）成虫：成虫体长 5 ～ 8 毫米，头半圆形，额带黄褐色至暗褐色。雄蝇两复眼间额带较窄，体色较深。雌蝇额带及腹部比雄蝇宽。该蝇前翅暗黄色，翅脉黄色半透明。足的胫节、腿节黄色，财节黑色。

（2）卵：卵长 0.8 毫米，白色，表面具六角形不规则纹。

（3）幼虫：末龄幼虫体长 7.5 ～ 9 毫米，长圆筒形，13 节，无足，头不明显，乳白色至黄白色。前端生有三角形黑色小钩 2 个，具齿 4 ～ 6 个。腹部末节边缘有肉瘤状突起 7 对，节间也有凸起。

（4）蛹：围蛹长 4.5 ～ 5 毫米，椭圆形，红褐色至黑色。

【为害特点】

潜叶蝇在香瓜一生中均可为害。从子叶到生长各个时期的叶片，以幼虫潜入使叶片呈现针尖大的小斑点，潜入叶片里，刮食叶肉，在叶片上留下弯弯曲曲的潜道，严重时叶片布满灰白色线状隧道。

【发病规律】

该虫属一年多世代害虫，发生代数由北往南逐渐增加，如东北一年发生 5 代，福建则多达 13 ～ 15 代。在北方以蛹越冬，在南方无固定虫态。

【防治方法】

（1）消灭虫源：在大发生前的早春，及时清除田间和田边杂草，摘除栽培寄主的老叶和脚叶，蔬菜收获后及时处理残株叶片，均可压低越冬虫口基数，减少虫源。

（2）诱杀成虫：用 3 份蔗糖、0.1 份 90% 敌百虫原粉、100 份水配成糖药水，从潜叶蝇成虫活动初期即开始诱杀。

（3）化学防治：在成虫盛发期或发现幼虫危害时，及时用药防治。可喷施 23% 威敌水剂 1500 倍液；1% 威克达乳油 2000 ～ 3000 倍液；2.5% 敌杀死 1500 ～ 2000 倍液。

10. 根结线虫病

根结线虫病（图 5-24）是香瓜的重要病害，在局部地区发生分布，一旦发病，染病率均很高，多在 80% 以上，损失严重。

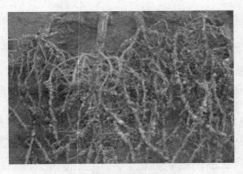

图 5-24　根结线虫病

【形态特征】

根结线虫雌雄异体。幼虫呈细长蠕虫状。雄性成虫线状，尾端稍圆，无色透明，大小（1.0 ～ 1.5）毫米 ×

（0.03～0.04）毫米。雌性成虫梨形，多埋藏在寄主组织内，大小（0.44～1.59）毫米×（0.26～0.81）毫米。卵囊通常为褐色，表面粗糙，常附着许多细小的砂粒。

【为害特点】

主要为害根部。子叶期染病，致幼苗死亡。成株期染病主要为害侧根和须根，发病后香瓜侧根或须根卜长出大小不等的瘤状根结。剖开根结，病组织内有很多微小的乳白色线虫藏于其内，在根结上长出细弱新根再度受侵染发病，形成根结状肿瘤。有的呈串珠状，有的似鸡爪状。致地上部生长发育不良，轻者病株症状不明显，重病株则较矮小黄瘦，瓜秧朽住不长，坐不住瓜或瓜长不大，遇有干旱天气，不到中午就萎蔫，严重影响香瓜产量和品质。

【发病规律】

香瓜根结线虫病是由根结线虫侵染引起的，该虫主要分布在20厘米的土层内，尤其是3～9厘米的土层内最多。以卵或二龄幼虫在病残体和土壤中越冬，靠病土、病菌、病残体、灌溉水、农具等方式传播。土壤温度20～30℃，土壤含水量40%～70%时，最适于线虫的繁殖和侵染。土壤温度低于10℃和高于40℃，幼虫停止活动，55℃时经10分钟致死。地势高燥，土质疏松，盐分低，呈中性的砂性土壤，有利于根结线虫的活动和危害。连作地块发病重，连作期限愈长，危害愈重。

【防治方法】

（1）在无病区或选用无病土育苗，培育无病壮苗。

（2）加强栽培管理。施足充分腐熟的有机肥做底肥，合理进行追肥和浇水，加强田间管理，增强植株抗病能力。收获后，彻底清洁田园，把病残体集中烧毁或深埋。土壤深翻 25 厘米以上，把线虫翻入底层或暴露于地表，消灭部分线虫。

（3）高温土壤杀虫。在夏季 6 月底至 8 月，春大棚香瓜拉秧后，清除残株、杂草，耕翻耙平后，灌水、覆盖地膜。然后密闭塑料大棚，使棚温达到 50～60℃，20 厘米地温达 40℃以上，持续 15 天，可杀死大部分线虫，并可兼治其他土传病害。

（4）化学防治

①种植前，在病田开沟，沟深 20 厘米，沟间距 30 厘米，每亩用 35％线克水剂 3～4 千克，对水 300～400 千克。均匀施于沟内，随即盖土踏实，15 天后翻耕透气，即可播种或移栽。也可在定植时，每亩穴施 10％力满库颗粒剂 5 千克或 3％米乐尔颗粒剂 2～3 千克，集中杀死根际周围的线虫。

②香瓜生长期间，发现根结线虫病株，要及时刨出根系，挖出病土，清除病残体，对病穴及无病植株用 1.8％齐螨素乳油 3000～5000 倍液灌根，间隔 15～20 天 1 次，连灌 2～3 次，每株用药液 100～200 毫升。也可以结合浇水，在根际撒施 5％力满库颗粒剂，每株 4～5 克，撒施深度 2～10 厘米，可有效地控制根结线虫病的发生。

11. 鼠害

老鼠是一种啮齿动物，种类多，春季食物短缺，老鼠易进入温室为害。

【为害特点】

(1) 盗食种子，咬断幼苗，造成缺苗。

(2) 啃食果实，咬断枝蔓，造成减产。

(3) 咬破棚膜，打洞钻孔，使棚内外空气流动，造成冻害。

【发病规律】

早春和晚秋时节，田间食物来源少，保护地蔬菜成为鼠害可口的食物来源。在播种期，盗食刚刚播种下的种子，造成缺苗断垄；在生长期，咬断蔬菜枝蔓，盗食幼果；在成熟期，取食成熟的蔬菜果实，此时蔬菜遭受鼠害最重。

【防治方法】

(1) 春、秋季防治：春季老鼠从越冬场所出来时，饥不择食，加上田间食物少，是防治害鼠的有利时期；秋收结束后，行将越冬前，害鼠除抓紧取食，有的种类还有贮藏食物的习性，也是开展防治的关键时期。具体方法是在田边、田埂、近田水沟水塘桥坝等老鼠经常出没的鼠道上，每 5 米放 1 堆 0.05%～0.1%敌鼠钠盐稻谷或小麦毒饵，每堆约 1 克，或 0.3%～0.5%毒鼠磷毒饵。

(2) 瓜田生长期防治：在香瓜开花结果期，为了安全起见，除应选择上述比较安全的灭鼠剂外，还可将毒饵等装入小塑料袋内。最好是将毒饵装入毒鼠箱中，毒鼠箱可以木制，长 30 厘米以上，两端开直径 3～5 厘米的洞孔，允许鼠类进入随意取食，而且可防止毒饵外泄或鸟类等其他生物误食中毒。

第四节 香瓜疑难杂症的分析与预防

在棚室香瓜栽培过程中，很多瓜农朋友被生产中出现的化瓜、畸形瓜、成熟瓜味苦、香瓜成熟后不转色等难症所困。严重时对香瓜的产量和品质带来很大的影响，使瓜农的经济效益受到损失。

1. 僵苗

引起僵苗的原因很多，情况较复杂，如果对育苗的具体过程不清楚，有时很难找出确切原因。

【发病症状 1】

子叶长时间不能展平，叶片小而向内卷曲，颜色深而暗淡无光，下胚轴及茎基部节间短，根系不发达且有锈色，生长迟缓。

【发病原因】

这主要是因苗床温度低而引起。

【防治方法】

提高床温，夜间加厚覆盖物。

【发病症状 2】

叶片黄而小，生长缓慢。

【发病原因】

如果床温正常，则是由于缺肥引起的。床土瘠薄，配制时加入养分不足所致。

【防治方法】

补施肥料。

【发病症状 3】

叶片小，色暗绿，生长慢。

【发病原因】

若床温正常时，则是缺水的症状，在各种温床中较常出现。由于苗床下层土温高于表层，水分由温度高处向温度低处运动，造成表土以下土壤缺水。

【防治方法】

及时浇水。

【发病症状 4】

子叶小而厚，颜色暗而绿，下胚轴短而粗，胚栓处呈蒜头状，这是受肥害或药害的表现。

【发病原因】

在配制床土时加入过量的肥料，或为了杀虫而施入了过量的农药，均能使幼苗受害表现上述症状。

【防治方法】

解决办法是可适当多浇些水，使肥料或农药稀释，并有部分肥料或农药淋溶流失。

【发病症状 5】

子叶上翘，叶片小，颜色黄，有的边沿干枯，重者整叶枯死，这是高温烤苗的表现。

【发病原因】

苗床不通风，或通风量过小会出现上述症状。在 3 月下旬以后天气晴朗无风的中午，苗床如不通风，内部温度可达 50℃，即使时间不长，也会造成叶片受害而干枯。

【防治方法】

必须及时通风降温，床内气温最高不得超过 35℃，否则会使幼苗遭受伤害。

2. 徒长苗

【发病症状】

子叶与叶片大而薄，颜色淡绿，下胚轴及叶柄细而长，这都是徒长的特征。

【发病原因】

幼苗徒长主要是水肥过多，温度偏高，揭苫不及时，光照不足所引起。

【防治方法】

加强通风，降低温度，控制浇水，及时揭苫增加光照。

3. 伤风苗

【发病症状】

子叶和叶片边缘变白或干枯，在通风口表现尤重。这是通风过猛所造成的，俗称"闪苗"。

【发病原因】

因苗床内外温度、湿度差异很大，猛然进行大量通风，使苗床内温度、湿度骤然下降，叶片尤其是边缘失水过重，致使细胞受害而干枯。

【防治方法】

通风要小心，不要等温度升得过高后再行通风。当上午床内温度达到25℃时即应开始通风，通风口开在背风面，并逐渐由小到大。

4. 苗期冻害

【发病症状】

香瓜苗期受冻后，轻者子叶、真叶边缘发白，造成短暂的生长停顿和缓苗；稍重者子叶、真叶干枯，只剩生长点，壮苗变为弱苗，造成较长时间的缓苗，甚至僵苗，延长生长期，影响产量和品质，严重者全株受冻，子叶、真叶生长点全部冻死，生理失水后，全株变成黑色而枯死。

【发病原因】

香瓜苗期冻害与播期、苗龄、品种、晚霜时间、强度、瓜田地形、地膜覆盖形式、通风管理、保护等因素有关。

据研究，其冻害规律是：播种早，冻害重，播期晚，冻害轻；苗龄大，冻害重，苗龄小，冻害轻；弱苗、徒长苗冻害重，壮苗冻害轻；苗期长势弱的品种冻害重，长势强的品种冻害轻；晚霜强度大冻害重，强度小冻害轻；瓜田向风口冻害重，背风向阳冻害轻；高垄地膜覆盖冻害重，地垄覆盖轻。小拱棚栽培中，双膜覆盖棚冻害重，单层棚轻；棚内空间小冻害重，空间大冻害轻；透明棚冻害重，非透明棚（如用旧塑料）冻害轻；拱棚管理上，不通风或通风不良未经受冷冻锻炼的苗冻害重；及时通风，受到锻炼的香瓜苗冻害轻。

影响香瓜冻害的因素很多，在同一寒流天气下，会出现错综复杂的冻害现象。同期播种的幼苗，由于播种形式、管理方式不同而造成冻害程度的悬殊。

只有正确掌握当地冻害规律，才能有效地预防香瓜苗期冻害。

【防治方法】

（1）冻害后的处置：小拱棚内可进行适当通风降温，不使棚温迅速上升，让其慢慢缓解消冻，以免造成迅速生理失水。对地膜覆盖及露地栽培的瓜苗，可用喷雾器向叶面喷水的办法减轻受害程度。

（2）预防香瓜苗期冻害的主要措施

①适时早播，提高播种质量：播种时一定要掌握天气预报，当白天气温达到20℃以上，地温接近15℃时，在寒潮末或一过即可抓紧播种，播种后，应连续有5～6天好天气，促进种子萌动发芽出土，提早出苗，同时要提高播种质量。力争全苗壮苗，以利提高抗寒性。

②选好瓜田地形，选择防冻保护设施：早熟瓜田，要选择背风向阳地块，并根据栽培目的，选择防冻保护设施。如特早播种应采用土壁风障，低龟背双层覆盖小拱棚或普同单、双层拱棚，拱棚空间尽量低而宽大，地膜覆盖栽培的应采用膜下沟内播种，出苗后暂不留苗，在膜下躲避冻害。

③在庭院内保护育苗，避开冻害，然后定植于田间。

④加强幼苗冷凉适应性锻炼，增加抗寒能力：地膜覆盖的，只要不是寒流或降雨天气，瓜芽出土便立即破膜放苗；小拱棚覆盖地，只要不是大风降温天气，一出苗后，棚温度达30℃，立即开始通风，避免棚温太高。进行冷凉适应性锻炼，通风原则是：通风口由小到大，由南开始，高温时可开对流风口；通风量由小到大，通风时间有短到长，棚温30℃以下不通风；晴天通风，大风天、阴雨天不通风；早期夜间闷棚；后期有霜冻天闷棚。

⑤霜冻前的应急措施：根据天气预报，在寒流来临之前，可采用防冻措施：拱棚栽培，寒流钱全部闷棚，并进行加固以防大风刮开。寒流强度大时，应在夜间组织劳力在棚的北面刷泥，棚内留有盖苗纸或塑料带时可将幼苗覆盖。

地面覆盖栽培，寒流前应将放苗膜口处的北面膜用土块或枝条撑起挡风。露地栽培的，寒流前，可在幼苗北面放置一块大土块挡风，亦可用锯末、谷黍根茬、沙土将幼苗埋住。寒流过去，将苗放出。沙土埋苗如遇寒流降雨时不宜采用。

5. 沤根

在北方地区，冬春低温季节育苗，常常发生沤根现象，导致秧苗大量死亡。

【发病症状】

香瓜沤根是育苗期常见的一种生理性病害。根部不发新根，根皮发锈后腐烂，没有根毛，主根和须根变褐，地上部叶缘焦枯，沤根苗不长霉状物，可区别于猝倒病、立枯病。

【发病原因】

早春育苗期气温低，地温低于 12℃，土壤湿度偏大，再遇上连续阴雨天气，或长期处于 5～6℃ 的低温高湿环境，幼苗长时间萎蔫，以致出现沤根现象。

【防治方法】

（1）选择温床育苗，采用大棚套小棚加电热线进行营养钵穴盘轻基质育苗，营养钵土提早培肥、翻晒、熟化土壤；选地势高爽、避风向阳处做苗床；播前浇足底水，确保全苗。

（2）加强苗床管理，苗期土温控制在 15～25℃，子叶和 2 片真叶展开期白天温度控制在 22～28℃，夜温 18～13℃；控制浇水，阴雨天不浇水，注意通风散湿；连续阴雨天气，用白炽灯补充光照，减轻黄化叶发生。

（3）对沤根较轻的瓜苗，可通过苗床松土，撒施干细土与草木灰等方法增温、降湿，促其恢复生长。

（4）在瓜苗发出新根后，喷洒 0.3% 磷酸二氢钾溶液以及惠满丰 800 倍液，促进根系生长。

6. 烧根

【发病症状】

烧根时根系发黄，不发新根但不烂根，地上部分生长缓慢，植株矮小脆硬，形成小老苗。

【发病原因】

施肥过多，土壤干旱缺水；肥料未充分腐熟，床土与肥料混合不匀。

【防治方法】

（1）配制钵土时用肥要适量，避免化肥用量过大，一般每 600 千克营养土加磷酸二铵 0.5 千克、硫酸钾 0.5 千克、多菌灵 80 克、敌百虫 60 克。

（2）有机肥要充分腐熟，并与床土混合均匀；临时配制床土时不能混入生饼肥和尿素等，以防肥害。

（3）苗床适时浇水，保持床土湿润，避免瓜苗因土壤缺水而烧苗。

（4）对发生烧根的瓜苗要适当增加浇水量，以湿透床土为宜，适当提高床温，以利根系生长。

7. 高脚苗

【发病症状】

香瓜高脚苗表现为幼茎细长，色浅，子叶薄而小，色浅绿等。

【发病原因】

形成原因主要是苗床湿度过大，温度偏高，光照不足或苗床过于拥挤等。高脚苗因其营养不良，真叶出得慢，叶片小而薄，难以形成壮苗而极易倒伏，抗逆性差，易感病死苗。

【防治方法】

（1）主要应加强苗期温、湿度管理和通风。种子顶土后子叶展平时，忌高温高湿，以白天温度 25 ～ 32℃、夜间温度 15 ～ 18℃、湿度 40% ～ 60% 为宜；连续阴雨天气，采用白炽灯补充光照，光照不足，适当降低温度与湿度。

（2）合理施肥，增施磷、钾肥，苗期喷洒 0.3% 的磷酸二氢钾溶液 2 ～ 3 次。

8. 自封顶苗

【发病症状】

生长点退化，只有子叶或 1 ～ 2 片真叶。

【发病原因】

苗床温度低，香瓜苗生长点附水滴，陈种子生活力低。

【防治方法】

（1）选用发芽势强的新种子。

（2）用无滴膜覆盖，床温保持在 25 ～ 28℃，适时通风降湿。

9. 叶片白化

【发病症状】

在第一片真叶显现时，子叶和幼嫩真叶边缘失绿白化，幼苗生长暂时停顿。

【发病原因】

苗期通风不当，苗床温度急剧降低所致。

【防治方法】

（1）白天保持床温在20℃以上，夜间不低于15℃。

（2）苗床白天通风不宜过早，通风口选在大棚背风一侧，避免扫地风伤苗，通风量逐渐加大。

10. 不坐瓜

【发病原因】

（1）花期气温不适：香瓜开花坐果期适宜温度为25～30℃，最低日平均温度为20～21℃，不适的气温条件会严重影响香瓜授粉结实。在气温超过35℃的高温下，随着温度增高，花粉粒的机能下降，如遇到2小时40℃高温时，花粉粒的萌发和花粉管伸长显著下降，由于花粉粒寿命短，引起受精障碍。这样落花就多，即使结果也多是畸形。当子房发育及开花期气温低于18℃条件下，形成的果实多数呈扁圆形畸形、皮厚、空心、含糖量低下。

（2）花期阴雨天多：香瓜开花期遇阴雨天气，影响着正常授粉，尤其阴雨天持续时间长更难坐瓜。主要原因是雨天比常年多，子房及花器的发育受到影响，加之雨水极易冲去雌花柱头上的花粉或使花粉破裂失去发芽能力，难以完成受精过程。

（3）营养生长与生殖生长失调：整枝和留蔓不合理，种植密度过大，蔓叶郁蔽，通风透光差，或者植株长势弱，授粉受精不良也是造成落花或化瓜的原因。

【防治方法】

（1）剪断主蔓利用侧蔓结果：当发现瓜田植株长势旺盛，呈"徒长"现象时，可以将主蔓离根部留5～10片叶剪断，利用侧蔓结瓜。

（2）现雌掐尖：雌花现蕾后，瓜前留2片叶掐去顶尖，除去多余侧蔓，使养分集中供给雌花发育。

（3）重压蔓：当发现瓜蔓"疯长"难坐瓜时，在瓜后2节、瓜前2节分别挖坑压蔓，减少养分向生长点输送，可以控制徒长，促进坐瓜。待幼瓜长至碗口大小，将压蔓土扒开，把蔓拿到明处，防止病菌感染。

（4）捏茎：在瓜前一节，轻轻把茎捏扁，削弱先端优势，使养分集中供应幼瓜，即所谓"前头喀叭，后头坐瓜"。

（5）点蘸奈乙酸：先称取1克奈乙酸，用30克酒精溶解，然后加24千克水，配成 40×10^{-6} 的浓度，用干净毛笔或小喷雾器，沾涂或喷雾于核桃般大小的幼瓜上，以沾湿或喷湿为宜。这样可使幼瓜不脱落，并能刺激幼瓜细胞分裂，促进香瓜生长。若在雌花未开时喷施叶面，还有加速雌花分化，提早形成幼瓜的效果。

（6）喷施细胞分裂素：在香瓜开花期喷施细胞分裂素，可使香瓜坐果率提高20%，含糖量增加1.5%～2%，可增产27%～30%，并有减轻病害，促进早熟等作用。方法是：5月下旬或6月初，当瓜秧长有5～8个节蔓时，喷施浓度为500倍水溶液的细胞分裂素，这样可使花蕾集中，随后每隔5天左右喷1次，连喷4次即可，最后1次应在6月20日左右。

（7）喷施赤霉素：当香瓜长至核桃般大小时，喷施 $20×10^{-6}$ 至 $30×10^{-6}$ 的赤霉素，对提高香瓜坐瓜率有显著作用。

（8）喷施食醋：当香瓜长有 1～2 片真叶时及开花前和开花后，各喷施 1 次 500 倍液的食醋，可比不喷施的香瓜提早成熟 5～6 天，坐瓜率高，瓜个大，产量可提高 30%～35%。

11. 早春香瓜出现只开雌花，没有雄花

【发病原因】

早春香瓜，因低温寡照，昼夜温差大，生殖生长过剩而营养生长不足，易发生只开雌花、没有雄花的情况。

【防治方法】

应加强光照，提高棚温，或进行摘心，促进侧枝发生，以产生雄花，而不宜采坐果灵或膨大剂点花，否则均产生畸形或空心瓜，且品质变劣，大大降低商品性。

12. 化瓜

化瓜系指子房生长停滞，由幼瓜上部开始逐渐枯黄、干瘪，最后干枯。这是一种生理性病症。

【发病原因】

（1）没有授粉或受精：香瓜雌花大多为雌雄两性花，有蜜腺，容易吸引昆虫授粉。但有时因连续低温阴雨，昆虫活动能力差或大棚条件下缺乏传粉昆虫，没有授粉受精的雌花，子房就不会膨大。

（2）雌花发育不良：原因是瓜蔓过于繁茂或由于连续阴雨而致光照不足。

　　（3）香瓜蔓叶生长过旺或过弱，营养物质分配不平衡，不利于果实的生长发育。

　　（4）开花期间土壤过于干旱。

　　（5）温度不适宜：春季大棚栽培中前期由于温度过低影响花粉的发育和花粉管的伸长。

　　【防治方法】

　　（1）及时整枝摘心：整枝不但可以调节营养生长和生殖生长矛盾，而且可改善通风透光条件。预留结果蔓雌花开放前 2～3 天应及时留 2～3 叶摘心，瓜坐稳后应适时打顶，使养分供应集中，促进果实膨大。

　　（2）激素处理：用坐瓜灵授粉沾花也可提高坐果率。方法是每天上午 8～10 时选择当天开放的雌花，用 20 毫克／升的药液沾果柄。注意不要让子房沾上药。避免重复使用，以免发生裂果和畸形果。此法比人工授粉省工，坐果率达 95% 以上。

　　13. 畸形果

　　香瓜畸形果是香瓜在果实发育过程中遇到不良气候条件或栽培措施不当而形成的。主要有扁平瓜、歪瓜、葫芦瓜等，产量低，商品性差，直接影响收益。形成原因和预防措施如下。

　　【发病原因】

　　（1）扁平：香瓜果实发育的膨果前期，以纵向生长为主，中后期以横向生长为主。当果实发育前期的早春气温较低时，果实的纵向生长难以达到应有的发育速度。果实发育中后期气温相对适宜，果实横向发育正常。这样就形成了果实肩部较宽，蒂部凹陷的扁平瓜。瓜皮变厚，纤维增多，瓜瓤出现空心，品质下降。这类瓜在圆果型品种上发生较多。

（2）歪瓜：由于果实一侧充分膨大，另一侧发育不良而形成。主要原因一是香瓜花芽分化期（2～5片真叶期）遇到低温，雌花分化受影响形成畸形花，长大而发育成畸形果；二是在开花坐果期间授粉不良或不均匀，致使果实中的种子分布不均。种子多的部位产生的生长素多，果实相应膨大，没有种子或种子量很少的部位产生的生长素少，果实发育较慢，从而形成歪瓜。

（3）葫芦瓜：特点是果实肩部（近果柄部）未充分发育，果实中部和果蒂部发育正常。形成原因是果实发育中前期植株生长不良，发生坠秧，病虫害等；或坐果过多，疏果不及时；或缺水，肥水供应不足，使幼果发育严重受阻，而发育中后期条件改善，果实又迅速发育，从而形成葫芦瓜。

【防治方法】

（1）调节栽培季节和改善设施栽培的光照条件，使果实发育处于正常温度条件下。

（2）控制结果部位，使其在适宜节位结果，保证果实发育期间得到充足的营养。

（3）植株生长势差的可以推迟结果，必要时摘除低节位的幼果，促进营养生长，而推迟结果。

（4）开花坐果期注意水分供应，控水不可太狠，至膨大后期再注意控水。

此外，病毒病等也能导致香瓜畸形果发生，要注意及时防治病虫害。

14. 冷害

香瓜喜温耐热，极不耐寒，遇霜即死。

【发病原因】

在冬春保护地栽培时，经常遇到不同程度的低温天气，对香瓜极易造成冷害。所表现的症状可能是比较明显的组织伤害；可能是暂时观察不到的生理伤害，可能是急性的，在受害时就已表现，也可能延迟 10 ～ 20 天甚至更长时间后才表现。

【防治方法】

（1）调整育苗时间，选择好播期：因为香瓜正常生长不仅需要较高的温度，还需要较强和较长的光照。一般品种的光补偿点高达 3000 勒以上。光饱和点可达 6 万勒以上，日照时数需 10 小时以上，因此，冬季日光温室的光照远不够香瓜正常生长时的需要量，倘若遇到连续的低温寡照天气，造成的影响更大。

（2）培育适龄壮苗：由于育苗床具有较好的增温补光条件，因此在冬春茬香瓜育苗时，应适当延长苗龄，尽可能培育适龄大苗、壮苗，以避开或减轻定植后可能遇到的低温危害。

（3）配置加温补光设施：可在温室配置暖风炉，暖风炉是目前推广的一种温室加温设备，使用方便，成本低，在冬季低温寡照天气条件下，使用效果非常好。如果条件许可，还可在温室中加装高压汞灯、碘钨灯等补光设备。

（4）加强保温：遇低温寡照天气，可采取加扣小拱棚，加盖草苫等措施保温，并应严格控制浇水，以免降低地温。

（5）叶面保护：在低温天气到来之前及过后，及时向植株喷洒一遍0.5%蔗糖溶液，对叶面有一定的保护作用。

（6）改变整枝方式：当植株历经较长时间低温，形成的畸形节较多，甚至"龙头"消失坏死时，应及时换头，方法是将受害节位去掉，促使正常节间的侧蔓及早萌发，选1到2枝正常健壮的侧蔓替代主蔓。

15. 瓜面黄斑

白皮或黄白皮型香瓜，采收时果实表面产生黄色斑点，斑点发生部位和大小各不相同，有时几乎布满整个果实，易被瓜农误认为花瓜。这种果称为黄色斑果，商品价值降低。

【发病原因】

生长发育健全的植株很少发生黄色斑果，而植株发育不良，叶系小或发生叶枯，果实直接暴露在阳光下，会产生黄色斑点，也可以说黄色斑是一种高温生理病害。棚膜上的水滴落到瓜上，由于棚内高温强光照射、水滴温度升高，烫伤果实表皮细胞。低节位坐果过多，植株根系老化，生长势差都易产生黄色斑果。

【防治方法】

防止黄色斑果的方法是促进根系的发育，保证植株健壮生长，保护叶系健康，并有一定的叶数，注意坐果节位要合理。

16. 香瓜成熟后味儿苦

【发病原因】

（1）氮肥施用过量。

（2）低温寡照。特别是连续阴天，香瓜的根系受到损伤或活动受到障碍时，吸收的水分和养分少，瓜生长极为缓慢，会在根系和瓜中积累更多的苦味素。苦味瓜多发生在根瓜上。

（3）高温干旱引起的苦味瓜。春茬栽培的香瓜进入春末高温期，或由于土壤湿度大，根系的吸收功能减弱，同化力降低，而夜间温度又过高，瓜生长缓慢，也会在瓜里积累更多的苦味素，形成苦味瓜。

（4）坐瓜灵使用不当也会产生苦瓜。

【防治方法】

（1）采用采光保温性能好的温室。

（2）放行减株，适当稀植，全面改善株间光照条件。

（3）科学施用肥料，特别是不要过量施用氮素化肥。

（4）要在植株进入衰老时通过降温、控水和浇灌促进根系发生的激素，及早进行复壮。

（5）进入高温期，管理温度不宜高，特别要防止夜间温度过高，浇水不宜过大。适时定植，减少伤根。

17. 香瓜不甜

【发病原因】

（1）光照不足：香瓜要求日照时数每天 10～12 小时，方能正常发育，每天 14～15 小时光照时间，植株生长健壮，雌花发育好，果实整齐，糖度高，若每天光照不足 8 小时，生长发育受到影响，表现茎蔓细长、瘦弱、叶片薄、叶色淡、易徒长、瓜着色差、甜味淡。在棚室栽培管理差的种植者和在阴天多的地区有的年份往往会出现这种情况。

（2）给水不当：这是造成香瓜不甜的一个重要原因。

香瓜幼苗期需水量少，可以不补充或少补充灌溉，伸蔓至开花期和开花至坐果期植株需水量大，应抓紧灌溉供水，果实发育后期地下水分需要量逐渐减少，早熟品种采收前5天，中熟品种前7天应停止灌水，这样的瓜含糖量才能高，味才能甜；土壤过湿条件种植香瓜，即使控制灌水，含糖量也不会高。

在灌溉条件下种植香瓜，为避免因灌水而降低含糖量，常在灌水时配合施入磷、钾肥办法来保持香瓜的甜度。

（3）氮、磷、钾肥料比例失调：这是造成瓜不甜的一个主要原因。香瓜对氮、磷、钾三要素吸收的比例为30∶15∶55。

香瓜在氮肥过剩情况下，往往产量高而含糖量降低。因此，香瓜在需要氮、磷等元素的同时，还特别需要钾肥，不要单纯施用尿素和硝铵，而应施用氮、磷、钾复合肥。钾肥应用比例合适，香瓜作物不但可以增产，而且含糖量还会提高。

利用种过黄瓜棚室土壤氮肥剩余量较多，种植香瓜时，氮肥应用比例还要下调，方能结出含糖量理想的香瓜。

（4）昼夜温差小：这也是造成瓜不甜的原因。白天温度高，十分有利于香瓜的光合作用，制造的干物质就多。夜间温度低，呼吸作用缓慢消耗的养分少，十分有利于糖分的积累，香瓜味道就甜。据研究，认为香瓜有10℃以上温差较为理想。

另一个不可忽视的问题是香瓜是喜温作物，最适宜的温度是25～35℃，气温较高的年份瓜就甜，气温低香瓜就不甜。

18. 香瓜坏瓤

有的瓜表面成熟度正常，但瓜瓤变腐，失去了食用价值。

【发病原因】

有的瓜农用乙烯利催熟剂浓度不当引起的生理病变引起的瓜瓤腐坏。种香瓜最好不用催熟剂。另外施氮肥不匀，造成氮肥偏多的植株由于氮素过多影响钙素的吸收造成失调也会引起瓤腐坏。在果实膨大初期，土壤干旱也影响钙素的吸收。

【防治方法】

栽培香瓜时，一定施足较多钙素肥料，土壤不要过于干旱影响钙素的吸收。

19. 香瓜叶片过早变硬老化

棚室栽培的香瓜经常见到叶片过早地变硬、变脆，或叶面凸凹不平等老化现象，叶片的功能明显下降。

【发病原因】

目前认为造成香瓜叶片过早老化的原因有以下几个方面。

（1）夜间温度低，光合产物在叶片中不断地淀积。白天香瓜进行光合作用，其光合产物在白天只向外面运出 15% 左右，尚有 85% 的光合产物需要在前半夜才能将其输送到生长点、花或果实、根部等组织。从理论上讲，功能叶中光合产物向外运送的越彻底，叶片中腾出的库容越大，对第 2 天叶片继续进行光合作用越有利。但是，叶片中的光合产物向外运送也是有条件的，单从环境条件而言，前半夜温度低是直接影响光合产物运转的主要原因。

(2) 低温下，多次施用碳酸氢铵，植株被迫大量吸收铵态氮。香瓜是喜欢硝态氮的作物，在地温较高、硝化细菌活性好，土壤能迅速合成硝酸的情况下，施用哪一种氮肥都可以。但在地温低，土壤不能把铵态氮的一部分转化为销态氮时，香瓜就要被迫大量地吸收铵态氮。铵态氮多时，香瓜叶色浓，虽然对植株和果实生长有利，但此后根系活动弱，吸水受到抑制，同化作用降低，叶片提早老化。因此，低温下，或消毒处理过的土壤（因大量硝化细菌也会同时被杀死），以施用硝酸铵为好。因为硝酸铵中硝态氮和铵态氮各占一半，对香瓜比较适宜。低温下施用硝酸铵的香瓜，如果没有其他不利条件，一般是叶色翠绿，叶片柔软，厚薄适中。

(3) 用药频繁或不当引发的药害。高温时喷代森锰锌剂或喷后遇有高温，多次使用普力克，或1次使用药剂多，药量大，也会使叶片很快老化，变厚变硬。

20. 裂瓜

香瓜一些品种在果实发育后期在果梗附近形成同心或放射状的裂纹，有的在果棱凹陷处形成裂纹。以上形成裂纹与品种有关，不影响果实的商品性。裂果则是在果实表面形成大而深的裂口，而伤口又难以愈合，它严重地影响商品品质。裂果首先从果肉较薄的果脐部开始，发生叶枯或果实暴露可加剧裂果的发生。

【发病原因】

(1)结瓜初期,农药激素使用浓度不当,果实表皮老化,幼瓜膨大形成裂口。

（2）幼瓜膨大期持续低温或果实生长后期果实表面硬化后，内部发育剧烈进行时发生的。它的发生受果皮的硬化程度和含水量的影响，天晴光照强时，表皮发生硬化，阴雨天就要缓慢些，如果这时浇水过多，植株吸水后就会引起裂果。温室用换气扇进行换气，果面受到冷风后也容易硬化，引起裂果。

（3）苗床地的香瓜，根扎得过深，容易引起水分吸收过多而产生裂果，因此灌水时要十分注意。

【防治方法】

（1）合理灌水，注意灌溉时期和灌水量。洋香瓜结果后7～20天是果实膨大最快的时期，迫切需要水分，灌水量宜多，以促进果实的长大，其后果实进入硬化期，以节制水分，保持适当的干燥最理想，此期如水分过量则推迟成熟，降低糖分，引起裂果。

（2）保护果实附近叶片健康，防止果实直接暴露在太阳光下，以免果皮硬化。

（3）当果实在阳光下暴晒时，可用报纸套袋遮阳，防止阳光直射。遮阳还可防止果实表面发生绿斑，使果实美观，在夏季栽培时尤为重要。

附录一　无公害农产品
——日光温室薄皮甜瓜生产技术规程

（辽宁省地方标准　DB21 / T1507—2007）

本标准由沈阳农业大学提出并归口。

本标准起草单位：沈阳农业大学、辽宁省设施园艺重点实验室、辽宁省工厂化高效农业工程技术研究中心。

本标准起草人：李天来、齐红岩、齐明芳、孙周平、何莉莉、杨延杰。

本标准由沈阳农业大学负责解释。

1. 范围

本标准规定了无公害薄皮甜瓜生产的定义，产品质量要求的产地环境和生产管理技术。

本标准适用于日光温室薄皮甜瓜无公害生产。

2. 规范性引用文件

下列文件中的条款通过本标准的引用而成为本标准的条款。凡是注日期的引用文件，其随后所有的修改单（不包括勘误的内容）或修订版均不适用于本标准，然而，鼓励根据本标准达成协议的各方研究是否可使用这些文件的最新版本。凡是不注日期的引用文件，其最新版本适用于本标准。

GB4285　农药安全使用标准

GB ／ T8321　农药合理使用准则

NY5010　无公害食品　蔬菜产地环境条件

3．术语和定义

下列术语与定义适用于本标准。

3.1　日光温室

由采光和保温维护结构组成，以塑料薄膜为透明覆盖材料，东西向延长，主要依靠太阳辐射和蓄积太阳辐射能进行农业生产的温室。其骨架常用竹、木、钢材或复合材料建造而成。

3.2　土壤肥力

土壤为植物生长发育所提供和协调营养与环境条件的能力。

4．产地环境

应选择生态条件良好、远离污染源、并具有可持续生产能力的农业生产区域；选择地势高燥、排灌方便、地下水位低于 2 米、土层深厚疏松、富含有机质的砂壤土或壤土的地块；生产环境的空气质量、灌溉水质、土壤环境应符合 NY5010 的规定。

5．生产管理技术

5.1　日光温室

跨度 6～7.5 米，脊度 3～3.5 米，长度 50～100 米，前坡角度应为 60°以上。

5.2　保温与加温设施

温室外设草苫、纸被或保温被等保温设施，温室内可设小拱棚、二层保温幕等多层覆盖，也可设热风炉等临时加温设施，保证作物在寒冷季节栽培能够正常生长发育。

5.3　栽培季节的划分

5.3.1　冬春茬栽培

12月下旬～1月上旬播种育苗，2月中旬定植，4月上旬上市。

5.3.2　秋延后栽培

7月中下旬播种育苗，8月中下旬定植，10月上中旬上市。

5.4　品种选择

选择抗病、高产、优质、商品性好、适合市场需求的品种。冬春茬栽培应选择耐低温与耐弱光性能好，坐瓜容易，产量稳定，果形好，品质优良，抗病能力强等综合性状的品种。秋季延后栽培宜选择对温度适应性强，抗病毒病、高产、优质的品种。

5.5　育苗

5.5.1　育苗设施选择

冬春季育苗时，选用保温、采光性能好的加温温室或日光温室。夏季育苗时，应选择配有防虫网与遮阳网的大棚、中棚等。采用穴盘基质育苗，应对育苗设施进行消毒处理，创造适合秧苗生长发育的环境条件。

5.5.2　育苗设施选择

穴盘育苗的基质有珍珠岩、草炭、蛭石、经特殊发酵处理后的有机物如炉灰渣，麦秆、稻草、菇渣等。草炭和蛭石 2∶1 混合的基质比较理想。

5.5.3　育苗基质消毒

育苗基质可以用蒸汽消毒或加多菌灵处理。每 1.5～2 立方米的基质加入 50% 多菌灵粉剂 500 克，拌匀可消毒。

5.5.4　种子处理

未包衣的种子，进行温汤浸种。用 55～60℃ 热水恒温烫种 15 分钟，注意不断搅拌，以消灭种子表面的病原菌。然后在常温下浸泡种子 6～8 小时，使种子充分吸收水分。包衣的种子可直接播种，不可催芽。

5.5.5　催芽

浸泡后的种子，在 25～28℃ 条件下进行催芽，催芽过程中注意补充水分，但水分不要太多，50% 以上的芽露白后即可播种。

5.5.6　播种期

播种期一般为定植前的 35～40 天，冬春茬栽培的，以 12 月下旬～1 月上旬播种育苗为宜，秋茬栽培的，播种时间为 7 月中下旬。

5.5.7　播种方法

采用 50 孔或 32 孔穴盘育苗，装好基质后，压印。浇透水，水渗下后，将浸种催芽后的砧木与接穗种子分别播种，然后覆盖基质约 1 厘米厚，最后在穴盘上覆盖地膜进行保温与保湿。

5.6　嫁接育苗

嫁接方法较多，一般常采用靠接或插接的方法，以靠接方法成活率高，便于初学者掌握。

5.6.1　砧木选择

砧木要求抗病力强、与接穗亲和力强、能提高产量、不影响果实品质或者提高果实品质，较好的砧木有圣砧一号、世纪星等白籽南瓜。

5.6.2　嫁接适期

采用靠接法嫁接，在冬春茬栽培时，砧木应比接穗晚播 $15 \sim 20$ 天；在秋茬栽培时，砧木应比按穗晚播 $7 \sim 10$ 天，当接穗甜瓜有 2 片真叶展开、砧木南瓜子叶展平时，可以进行嫁接。

采用插接法嫁接，在冬春茬栽培时，砧木应比接穗晚播 $5 \sim 7$ 天；在秋茬栽培时，接穗应比砧木晚播 $3 \sim 4$ 天，当接穗甜瓜的 2 片子叶展开、砧木南瓜子叶展平和砧木真叶刚出现时，可以进行嫁接。

5.6.3　嫁接方法

（1）靠接法

首先将砧木生长点去掉，用清洁的刀片在两片子叶下方 $0.5 \sim 0.6$ 厘米处由上向下斜切一刀，切口斜而长 $0.5 \sim 0.8$ 厘米，深度约为茎粗的 $1/2$；然后，用刀片在接穗的一片子叶下方 1 厘米处由下向上斜切一刀，切口斜面长 $0.5 \sim 0.8$ 厘米，深度约为茎粗的 $1/2 \sim 2/3$；第三，将砧木与接穗嵌合在一起，用嫁接夹固定，使砧木与接穗的四片子叶交叉成"十字形"，之后一起栽到营养钵中，浇透水。

（2）插接法

首先将砧木的生长点去掉，用竹签从右侧主叶脉向另一侧子叶方向斜插 0.5 ～ 0.7 厘米，然后，在接穗甜瓜子叶下 0.8 ～ 1 厘米处下刀斜切至下胚轴 2/3，切口长 0.5 厘米左右；第三，竹签抽出后立即插入接穗，插入深度为 0.5 ～ 0.6 厘米。甜瓜子叶与南瓜子叶可以平行也可以交叉成"十字形"，之后一起栽到营养钵中，浇透水。

5.6.4　嫁接苗的管理

（1）冬春茬嫁接苗的管理

把嫁接苗放入铺有地热线的小拱棚内，小拱棚上再用纸被等不透明覆盖物覆盖，进行遮阴、保温、保湿管理。前 3 天需要完全遮光，空气相对湿度控制在 90% 以上，3 天后，可逐渐通风、降低湿度和温度，并逐渐增强光照；7 天后可完全见光，12 天后，可切断接穗下胚轴。

（2）秋茬嫁接苗的管理

嫁接苗应放入冷棚内，地面浇水，小拱棚外覆盖纸被或遮阳网，四周通风，白天气温控制在 35℃ 以下，夜间不超过 22℃。并且昼夜通风，防止气温过高造成秧苗徒长，防止高温高湿产生灰霉病。3 天后可逐渐见光，加大通风，7 天后可完全见光，采用靠接法嫁接，12 天后，进行断根，在嫁接口下部 0.5 ～ 1 厘米处切断接穗下胚轴。嫁接苗接口愈合期的温度管理见表1。

表 1　嫁接苗接口愈合期温度管理指标

嫁接时间（天）	1 ～ 3	4 ～ 6	7 ～ 9	10 以上
白天气温（℃）	23 ～ 30	22 ～ 28	22 ～ 28	23 ～ 25
夜间气温（℃）	18 ～ 20	16 ～ 18	15 ～ 18	10 ～ 12
地温（℃）	24 ～ 28	22 ～ 25	20 ～ 22	15 ～ 18

5.6.5　接穗断根后的环境管理

接穗断根当天，可适当进行遮荫，然后对嫁接苗进行常规管理。白天温度控制在 22 ～ 25℃，夜间 15 ～ 17℃，地温在 20 ～ 25℃。

5.6.6　苗龄及壮苗标准

日历苗龄以 35 ～ 40 天为宜，生理苗龄以 4 片真叶展开较为适宜，子叶完好，茎基粗，叶色碧绿、无病虫害。

5.7　定植前准备

5.7.1　整地与施肥

根据土壤肥力状况确定施肥量，一般肥力条件下，提倡多施优质腐熟的以猪粪为主的有机肥，每亩施用量为 2000 ～ 4000 千克，均匀撒摊在土壤表面，然后用小型旋耕机旋地，深度为 30 ～ 40 厘米，最好旋耕 2 次以上，以使土壤与有机肥充分混匀。然后搂平地面，作成宽高畦，畦面宽 90 厘米，畦高 30 厘米，搂平畦面，在畦面上刨沟，沟内条施化肥，每亩可施氮磷钾复合肥 50 千克或尿素 10 千克，磷酸二铵 20 千克，硫酸钾 30 千克，过磷酸钙 20 千克，忌用含氯化肥。施肥后搂平畦面，铺设滴灌带，覆盖 120 厘米宽的地膜，以利增温保墒。

5.7.2　棚室消毒

首先在定植前 10 ～ 15 天清除上茬的残株和杂草，然后用硫磺粉进行一次熏蒸，每亩需要硫磺粉 1.5 千克，与锯木屑混合均匀，分成小堆，从里往外依次点燃，注意熏蒸时温室，大棚要密闭，熏蒸一昼夜即可达到效果。熏蒸结束后，要大通风，待硫磺的气味散尽，即可定植。

5.8　定植

5.8.1　定植时期

在日光温室内 10 厘米地温稳定在 12℃ 以上的即可定植。冬春茬栽培时，甜瓜定植时间在 2 月上中旬左右比较适宜；秋茬栽培时，甜瓜定植时间为 8 月中下旬比较适宜。定植要在无风晴天进行，定植后连续晴天最好。

5.8.2　定植方法及密度

定植时先在地膜上打定植孔，再向定植孔中浇透水，待水渗下去后再放入瓜苗。嫁接苗定植时，定植的深度为应使嫁接口露出地面。每畦定植双行，采用大小行栽培，小行距 60 厘米，大行距 80 厘米，株距 40～50 厘米，每亩定植 2000 株左右。定植后将苗与地膜之间用土封严。

5.8.3　定植后田间管理

（1）定植至坐瓜前的管理

①温度管理

定植后的一周内，地温控制在 20℃ 左右，不应低于 15℃，气温白天控制在 27～30℃，夜间不低于 15℃。冬春茬栽培在定植初期，遇寒冷天气可用热风炉鼓热风加温；秋茬栽培时，定植初期若遇高温天气，中午前后需外覆遮阳网遮阳降温，并采用地面喷水降温的方法，防止高温危害。缓苗后到坐瓜前，白天气温保持在 28～30℃，最高不超过 33℃，可通过通风口的开放来调节，夜间气温以 18～20℃ 为宜，地温以 25℃ 左右为宜。

②湿度管理

土壤湿度在定植至缓苗期间，维持田间最大持水量的

70%～80%，定植5～7天后浇一次缓苗水，缓苗后至坐果维持田间最大持水量的65%～70%。适宜的空气相对湿度白天为60%，夜间最大为80%。

③光照管理

冬春茬栽培时，定植后应尽量增强光照，在温度允许的条件下尽量早揭和晚盖外保温覆盖物，以延长光照时间，并通过经常擦拭透明塑料薄膜，在温室后墙张挂反光膜等措施来增强光照。

秋茬栽培时，定植初期，则不必增强光照，反而应在中午前后进行适当遮阳降温。

④整枝和吊蔓

多采用立架或吊蔓栽培，其合理的整枝方式为单蔓和双蔓整枝。单蔓整枝是植株生长发育前期不摘心，当植株长至10片叶以上时，选留10节以上的侧枝留瓜，连续选留4个瓜左右，在最上面的瓜上面再留5～7片叶摘心。双蔓整枝的整枝方法就是在幼苗4片真叶时进行母蔓定心，然后选留两条健壮子蔓，每条子蔓上选留2个瓜。晴天进行整枝，在幼蔓长至2～3厘米时摘除。阴雨天和有露水的时候不进行整枝。整枝摘下的茎叶应及时清除并带出温室。整枝的同时，注意及时吊蔓，使植株直立生长。并要及时打掉老叶、病叶。

（2）结瓜期的管理

①温、湿度管理

开花授粉期和果实膨大期的温度，白天气温保持在25～30℃，夜间18℃。空气相对湿度不应超过70%，日光温室灌水应在晴天的上午进行，开花授粉坐果期不浇水，待植株大部分坐果后 7 ～ 8 天（膨瓜期），幼瓜鸡蛋大小时要浇 1 次透水，果实膨大期是甜瓜一生中需水最多的时期，要求土壤水分充足，维持田间最大持水量的 80% ～ 85%。果实停止膨大到收获期间要控制浇水，维持较低的土壤湿度。

②开花授粉与生长调节剂的应用

薄皮甜瓜的花是典型的虫媒花，温室内栽培要靠授粉和激素处理来保证和提高坐果率。人工授粉或激素喷花的最佳时间是上午 8 ～ 10 时，禁止 12 时以后授粉。在本株或异株上选择健壮雄花，掰去花瓣，用雄蕊在当天开放的结实花柱头上轻轻涂抹即可。激素喷花应选择当天开放的健壮结实花，喷施结实的花柱头，注意不要将药涂抹到子房上，不要重复用药。喷花后 3 天子房可膨大。也可用蜜蜂进行授粉，每栋温室一箱蜜蜂，将出蜂口对向一侧的山墙，授粉效果良好。

③留瓜节位的确定与选留瓜

薄皮甜瓜以子蔓和孙蔓结瓜为主，采取单蔓整枝的，宜在 10 节以上留侧枝，每一侧枝留 1 瓜，可连续选留 4 个瓜；对于双蔓整枝的，子蔓第一节有雌花的，保留子蔓，使每子蔓留 1 ～ 2 个瓜，子蔓第一节无雌花的，则在子蔓 3 叶期对其摘心，促使孙蔓萌发，在孙蔓上选留结实花结瓜。生产过程中及时摘除畸形瓜。

（3）追肥

甜瓜吸收矿质元素最旺盛的时期是从开花到果实停止

膨大，前后约历时 1 个月左右。土壤肥力好，底肥充足，可不追肥；肥力较差，积肥不足，则需要适当肥。通常在果实膨大期承受不施速效磷钾肥，或含磷钾为主的氮磷钾复合肥（甜瓜专用肥），每亩追施 15 ～ 20 千克。在底肥较充足的情况下，一般不追速效氮肥，在膨瓜期每 7 天进行一次叶面喷肥，以 0.3% 磷酸二氢钾等为主。在土壤微量元素缺乏的地区，还应针对缺素的状况，增加追肥的种类和数量，进行叶面喷肥。

（4）不允许使用的肥料

在甜瓜生产中禁止使用城市垃圾、污泥、工业废渣和未经无害化处理的有机肥。

5.9 采收适期

外运销售的瓜应在完全成熟 3 ～ 4 天，即八九成熟时采收。就近销售的可在甜瓜充分成熟时采收。

有 4 种方法可鉴别果实的成熟度：

5.9.1 计算坐瓜日数

早熟品种以开花到成熟需 25 天左右，中熟品种需 30 天左右，晚熟品种需 40 天左右。记录雌花开放的日期，到天数就可以收获。

5.9.2 观察瓜面特征

瓜的表面由有绒毛到无绒毛，果皮呈现出该品种特有的颜色，光滑发亮即可判断成熟。

5.9.3 有香味

有香气的品种，果实成熟时香气开始产生，成熟越充分，香气越浓。

5.9.4 果实硬度

成熟果实果皮有一定弹性，尤其是花脐部分，用手指压感到有弹性，用手指弹有沉浊声。

5.10 病虫害防治

苗床主要病虫害有猝倒病、立枯病、潜叶蝇等。

田间主要病虫害有白粉病、枯萎病、霜霉病、炭疽病、病毒病、蚜虫、潜叶蝇、白粉虱等。

5.10.1 防治原则

按照"预防为主，综合防治"的植保方针，坚持以"农业防治，物理防治，生态防治为主，化学防治为辅"的无害化治理原则。

5.10.2 农业防治

（1）选择抗病品种

针对当地主要病虫害控制对象，选择高抗与多抗的品种，并培育适龄壮苗或选择白籽南瓜作砧木，进行嫁接，培育嫁接牡苗，以提高抗逆性。

（2）创造甜瓜生长发育适宜的环境条件

加强田间管理，合理整枝，使田间通风良好：采用膜下滴灌或膜下暗灌的方式，尽量降低温室内的相对湿度，避免侵染性病害的发生；通过通风和辅助加温，调节不同生育时期的适宜温度，避免低温和高温障碍；注意清洁田园，发现病叶要及时摘除。

（3）耕作制度

实行轮作制度，与非瓜类作物轮作3年以上。

（4）科学施肥

施用充分腐熟的有机肥，不施未腐熟的肥料。最好测土平衡施肥，多施磷钾肥，少施氮肥，并结合叶面喷肥。

（5）物理防治

在围裙膜上部通风口处设置防虫网，进行防虫栽培。地面铺设灰色地膜驱避蚜虫。用黄板可诱杀害虫，在日光温室内离甜瓜冠层上方15厘米左右，延温室延长方向纵向悬挂两排黄板，可诱杀蚜虫、白粉虱、潜叶蝇等害虫。

（6）高温消毒

在夏季休闲季节，密闭温室，在土壤表面洒上碎稻草和石灰氮。每亩需要碎稻草1400～2000千克，石灰氮70千克（如无石灰氮用生石灰代替），使两者与土壤充分混合，作成平畦，四周做好畦埂，向畦内灌足量的水（以畦内灌满水为原则），然后盖上旧薄膜。这样处理后白天土表的温度可达70℃，25厘米深土层的温度全天都在50℃左右。

（7）提高棚膜的透光率

冬春茬栽培甜瓜，在青苗期间及定植到田间后，要尽量增强光照，在温度允许条件下尽量早揭和晚覆盖外保温覆盖物，以延长光照时间，并通过经常擦拭透明塑料薄膜，在温室后墙张挂反光膜等措施来增强光照，促进甜瓜植株健康成长，增强抗逆性。

5.10.3 化学防治

主要病虫害防治的选药用药技术见表2。日光温室内优先采用粉尘法、烟熏法，并注意轮换用药，合理使用，严格控制农药安全间隔期。使用药剂防治应符合GB4285、GB／T8321的要求。

表 2　日光温室甜瓜主要病虫害防治药剂一览表

主要防治对象	农药名称	使用方法	安全间隔期（天）	最多使用次数
猝倒病	苗菌敌	基质消毒	7	7
	72.2% 霜霉威水剂	600 倍液基质消毒	1	1
立枯病	苗菌敌	基质消毒	5	3
	50%速克灵可湿性粉剂	2000 倍液	5	3
霜霉病	45%百菌清烟剂熏蒸	每亩每次110～180 克	5～7	3～4
	25%瑞毒霉可湿性粉剂	600～800 倍液	5～7	3～4
	72%克露可湿性粉剂	800 倍液	5～7	3～4
	72.2% 普力克水剂	800 倍液	5～7	3～4
白粉病	翠贝	1500～2000 倍液	7～10	5
	翠康	1000 倍液	7～10	5
	2% 农抗 120	200 倍液	7～10	3
	15% 三唑铜可湿性粉剂	600 倍液	7～10	3
	27%高脂膜乳剂	75～100 倍液	7～10	5
	小苏打	500 倍液	7～10	5

主要防治对象	农药名称	使用方法	安全间隔期（天）	最多使用次数
疫病	种子消毒	100 倍福尔马林浸种 30 分钟	7～10	不限
	72% 克露可湿性物剂	800 倍液	7～10	不限
	5% 百菌清粉尘剂	1000 克／亩	7～10	不限
	40% 乙磷锰锌可湿性粉剂	300 倍液	7～10	不限
	64% 恶霜灵 +70% 代森锰锌可湿性粉剂	均 600 倍液	7～10	不限
	72.2% 霜霉威水剂 +70% 代森锰锌可湿性粉剂（或大生 M45 可湿性粉剂）	均 600 倍液	7～10	不限
炭疽病	使百克水剂或粉剂	600～800 倍液	7～10	3～4
	80% 炭疽福美可湿性粉剂	600～800 倍液	7～10	3～4
	68.75% 易保水分散粒剂	1000～1200 倍液	7～10	3～4
	2% 武夷菌素水剂	200 倍液	7～10	3～4
	2% 农抗 120 水剂	200 倍液	7～10	3～4

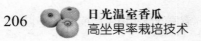

续表

主要防治对象	农药名称	使用方法	安全间隔期（天）	最多使用次数
枯萎病	20%甲基立枯磷乳油	300 倍液灌根每株 0.5 千克	20	2～3
	10%治萎灵	1000 倍液罐根每株 0.5 千克	20	2～3
	络氨铜水剂	300～400 倍液灌根每株 0.5 千克	20	2～3
	金吉尔灭萎水剂	400～600 倍液灌根每株 0.5 千克	20	2～3
	10% 双效灵水剂	500 倍液浸泡种子或灌根 0.5 千克	20	2～3
病毒病	10%磷酸三钠溶液浸种	浸泡 30 分钟	7	不限
	20% 盐酸吗啉瓜铜	500 倍液	7	不限
	20% 病毒 A 可湿性粉剂	500 倍液	7	不限
	1.5% 植病灵乳剂	800～1000 倍液	7	不限
蚜虫	10%吡虫啉可湿性粉剂	1500～2000 倍液	7	不限
	70%艾美乐颗粒剂	2000～3000 倍液	7	不限
	2.5% 溴氰菊酯乳油	2000～3000 倍液	7	不限

主要防治对象	农药名称	使用方法	安全间隔期（天）	最多使用次数
潜叶蝇	23% 威敌水剂	1500 倍液	4～5	3
	1% 威克达乳油	2000～3000 倍液	4～5	3
	2.5% 敌杀死	1500～2000 倍液	4～5	3
白粉虱	2.5% 灭扫利乳油	2000～3000 倍液	7～10	2
	甲氰菊酯乳油	1500～2000 倍液	7～10	2

5.10.4 禁用的高毒高残留农药

在生产中灭顶格禁止使用高毒高残留农药，禁止施用剧毒、高毒、高残留和有三致（致癌、致畸、致突变）作用的农药，主要有甲拌磷、治螟磷、甲基对硫磷、对硫磷、内吸磷、久效磷、杀螟威、甲胺磷、异丙磷、三硫磷、甲在硫环磷、甲基异柳磷、氧化乐果、磷胺、磷化锌、磷化铝、特丁硫磷、克百威、涕灭威、灭线磷、硫环磷、蝇毒磷、地虫硫磷、氯化唑磷、苯线磷、氰化物、克百威，氟乙酰胺、砒霜、杀虫脒、西力生、赛力散、溃疡净、氯化苦、五氯酚、二溴氯丙烷。401、六六六、滴滴涕、氯丹、毒杀芬、二溴乙烷、除草醚、艾氏剂、狄氏剂、汞制剂、砷类、铅类、敌枯双、甘氟、毒鼠强、氟乙酸钠、毒鼠硅等。

附录二 石硫合剂及波尔多液的配制

一、石硫合剂的熬制及使用方法

石硫合剂是一种优良的全能矿物源农药，既杀虫、螨又杀菌，既杀卵又杀成虫，且低毒无污染，病虫无抗性，是无公害食品生产推荐使用农药之一。它对螨类、蚧类和白粉病、腐烂病、锈病都有良好的杀灭和防治效果。在众多的杀菌剂中，石硫合剂以其取材方便、价格低廉、效果好、对多种病菌具有抑杀作用等优点，被广大瓜农所普遍使用。

1.石硫合剂的熬制

石硫合剂是由生石灰、硫磺和水熬制而成的，三者最佳的比例是 1：2：10，即生石灰 1 千克，硫磺 2 千克，水 10 千克。熬制时，首先称量好优质生石灰放入锅内，加入少量水使石灰消解，然后加足水量，加温烧开后，滤出渣子，再把事先用少量热水调制好的硫磺糊自锅边慢慢倒入，同时进行搅拌，并记下水位线，然后加火熬煮，沸腾时开始计时（保持沸腾 40～60 分钟），熬煮中损失的水分要用热水补充，在停火前 15 分钟加足。当锅中溶液呈深红褐色、渣子呈蓝绿色时，则可停止加热。进行冷却过滤或沉淀后，清液即为石硫合剂母液，用波美比重计测量度数，表示为波美度，一般可达 25～30 波美度。在缸内澄清 3 天后吸取清液，装入缸或罐内密封备用，应用时按石硫合剂稀释方法兑水使用。

2. 稀释方法

最简便的稀释方法是重量法和稀释倍数法两种。

（1）重量法：可按下列公式计算。

原液需要量（千克）＝所需稀释浓度÷原液浓度×所需稀释液量

例如：需配0.5波美度稀释液100千克，需20波美度原液和水量为：

原液需用量＝0.5÷20×100=2.5（千克）

即需加水量＝100−2.5=97.5（千克）

（2）稀释倍数法

稀释倍数＝原液浓度÷需要浓度−1

例如：欲用25波美度原液配制0.5波美度的药液，稀释倍数为：稀释倍数＝25÷0.5−1=49。即取一份（重量）的石硫合剂原液，加49倍重量的水混合均匀即成0.5波美度的药液。

3. 注意事项

（1）熬制石硫合剂时必须选用新鲜、洁白、含杂物少而没有风化的块状生石灰；硫磺选用金黄色、经碾碎过筛的粉末，水要用洁净的水。

（2）熬煮过程中火力要大且均匀，始终保持锅内处于沸腾状态，并不断搅拌，这样熬制的药剂质量才能得到保证。

（3）不要用铜器熬煮或贮藏药液，贮藏原液时必须密封，最好在液面上倒入少量煤油，使原液与空气隔绝，避免氧化，这样一般可保存半年左右。

（4）石硫合剂腐蚀力极强，喷药时不要接触皮肤和衣服，如接触应速用清水冲洗干净。

（5）石硫合剂为强碱性，不能与肥皂、波尔多液、松脂合剂及遇碱分解的农药混合使用，以免发生药害或降低药效。

（6）喷雾器用后必须喷洗干净，以免被腐蚀而损坏。

（7）夏季高温（32℃以上）期使用时易发生药害，低温（4℃以下）时使用则药效降低。发芽前一般多用5波美度药液，而发芽后必须降至0.3～0.5波美度。

二、波尔多液的配制及使用方法

波尔多液是用硫酸铜和石灰加水配制而成的一种植物经常使用的预防保护性的无机杀菌剂，一般现配现用。

1.配制方法

在植物生长前期多用200～240倍半量式波尔多液（硫酸铜1千克，生石灰0.5千克，水200～240千克）；生长后期可用200倍等量式波尔多液（硫酸铜1千克，生石灰1千克，水200千克），另加少量黏着剂（10千克药剂加100克皮胶）。配制波尔多液时，硫酸铜和生石灰的质量及这两种物质的混合方法都会影响到波尔多液的质量。配制良好的药剂，所含的颗粒应细小而均匀，沉淀较缓慢，清水层较少；配制不好的波尔多液，沉淀很快，清水层也较多。

配制时，先把硫酸铜和生石灰分别用少量热水化开，用1/3的水配制石灰液，2/3的水配制硫酸铜，充分溶解后过滤并分别倒入两个容器内，然后把硫酸铜倒入石灰乳中；或将硫酸铜、石灰乳液分别在等量的水中溶解，再将两种溶液同时慢慢倒入另一空桶中，边倒边搅（搅拌时应以一个方向，否则易影响硫酸铜与石灰溶液混合和降低药效），即配成天蓝色的波尔多液药液。

2. 注意事项

（1）必须选用洁白成块的生石灰；硫酸铜选用蓝色有光泽、结晶成块的优质品。

（2）配制时不宜用金属器具，尤其不能用铁器，以防止发生化学反应降低药效。喷雾器用后，要及时清洗，以免腐蚀而损坏。

（3）硫酸铜液与石灰乳液温度达到一致时再混合，否则容易产生沉降，降低杀菌力。

（4）药液要现用现配，不可贮藏，同时应在发病前喷用。

（5）波尔多液不能与石硫合剂、退菌特等碱性药液混合使用。喷施石硫合剂和退菌特后，需隔10天左右才能再喷波尔多液；喷波尔多液后，隔20天左右才能喷施石硫合剂、退菌特等农药，否则会发生药害。

（6）波尔多液是一种以预防保护为主的杀菌剂，喷药必须均匀细致。

（7）阴天、有露水时喷药易产生药害，故不宜在阴天或有露水时喷药。

参考文献

[1] 徐志红，徐永阳.安全甜瓜高效生产技术.郑州：中原农民出版社，2010

[2] 刘雪兰.设施甜瓜优质高效栽培技术.北京：中国农业出版社，2010

[3] 王久兴.甜瓜安全生产技术指南.北京：中国农业出版社，2012

[4] 那伟民.甜瓜保护地栽培.北京：金盾出版社，2009

[5] 陈年来.甜瓜标准化生产技术.北京：金盾出版社，2008

[6] 宋元林.蔬菜优质四季栽培——甜瓜、佛手瓜.北京：科学技术文献出版社，2000

内容简介

本书紧密结合我国目前香瓜生产的现状，详细介绍了香瓜的生物学特性、类型及新优品种、日光温室的种类及日光温室栽培的管理技术，以及提高香瓜坐果率的技术措施，内容通俗易懂，可操作性强，对实现香瓜安全及高效生产具有积极的指导作用。适合从事香瓜生产、基层农技推广人员和相关人员阅读参考。